轻松做 美味日料

〔日〕野崎洋光 著

孙中荟 译

华中科技大学出版社
http://www.hustp.com
中国·武汉

有书至美
BOOK & BEAUTY

料理一览

其他

汁、酱

三种调味比例

关于标注

1杯为200毫升，1大勺为15毫升，1小勺为5毫升。使用的海带为高汤专用海带。

大家在制作料理的时候会因为什么而烦恼呢？

我最常听到的回答是，"煮东西的时候不能很好地调味"。

你有没有经历过这样的事？尝味道的时候一不小心加了过多的盐、酱油，或是没有办法再调整味道，最终做出了不好吃的料理。

炖煮类的食物是和食料理中最难制作的。

为此，专业的厨师制订了标准，保证每次出品的味道不会有大的差别，防止出现失误。这个标准就是万能汤底，也叫作"万能高汤"。

餐厅厨师们会以万能汤底为基准，在此基础上加浓或者调淡，达到美味的平衡点。

如果在家也能充分利用这样便利的方法就好了，本书就要向大家介绍制作料理时如何通过调整比例来调味的方法。

其实，这样的想法我在20年前就产生了。

那么，有没有人和我一样认为，高汤对于日式料理来说是附加物呢？

以前的我，不管是煮菜、煮鱼还是做日式菜饭的时候，都会加入鲣鱼高汤。

然而，突然某一天我开始用清水来代替高汤。

因为我领悟到，只要食材本身足够鲜美，即便不加入高汤增补鲜味，也能够制作出美味的料理。

制作料理时如果使用了鱼或者其他肉类食材，那么可以直接用清水代替高汤。

我们可以尝试比较一下高汤汤底和清水汤底的味道。

这样应该就能明白，有鲜味的食材用清水汤底，没有鲜味或者味道不突出的食材用高汤汤底，这样做出来的料理才会更加美味。

在此向大家重新郑重介绍，新鲜出炉的、一生受用的家庭料理方程式。

如果你能够通过本书了解味道之间的联系、机制，那么无论何时何地都能轻松判断应该如何调味，自信应对每天的厨房生活。

让我们试着从了解基础的味道开始吧！

调味比例有以下三种：

万能的8 : 1 : 1（高汤或清水8 : 酱油1 : 味醂1）汤底

咸汤（咸味汤的基底，含盐量为0.7%～0.8%）汤底

咸甜口的5 : 3 : 1（味醂5 : 酒3 : 浓色酱油1）汤底

这些全是任何家庭都能随时制作出来的。

掌握了以上调味比例之后，请尝试摸索着制作属于自己的味道吧！

家庭料理没有必要模仿餐厅的味道。最重要的是为了家人而快乐地制作出美味的料理。

我们的目标是制作出口味清淡的料理。虽然市面上贩卖的各式各样的调味料似乎用起来非常方便，但若是使用了这些调味料，就做不出口味清爽的菜了。

调味料只选用酱油、味醂、酒，盐也要控制得刚刚好，但不是只在做菜时少放调味料，而是要重视食材本身的味道，制作出简单、朴素的料理。

这种料理拥有极易入口的味道。这样的味道叫作"淡味"，是我们制作料理时的目标味道。请通过本书的食谱来实际感受如何制作淡味料理吧！

正式开始料理之前

●像浇花一样给蔬菜浇水

像在田里种菜那样，在蔬菜上洒些水，让蔬菜保持新鲜吧。用洒过水的菜做出来的料理，味道完全不一样。除了叶类蔬菜，西蓝花、菜花等也需要浇水。

●鱼、肉、蔬菜要除霜

所谓"除霜"，是指料理之前将食材浸入热水。

为什么要除霜呢？因为不管多么新鲜的肉和蔬菜，都会发生氧化。食材表面因为氧化而生成的脏东西可以用热水除去，就和我们人类通过泡澡去除身上的脏东西是一样的。

这样做虽然很麻烦，但一切都是为了做出美味的料理，欲速则不达的道理相信大家都明白。

除霜后得到的美味是无与伦比的。

●准备海带

除了提取鲣鱼高汤时需要用到的海带，还请再单独准备海带。

在清水汤底的料理里，只需要放入少量的海带，就能更好地衬托出食材的味道。

选择用于制作高汤的海带时，标准不在于厚度、颜色，而是要求用其制作出来的高汤要有清爽的香味，所以要选择没有异味的海带。

其实，海带的品质和价格有关。虽说如此，但4人份的汤汁所需要的海带也不

过是5厘米见方的一小块，比1瓶茶还要便宜。1瓶茶喝完就没有了，而1块海带可以使用3次。因为是家庭内部使用的，所以边角料也不要浪费。

●准备淡色酱油

炖煮类食物一般都要用到淡色酱油。

这是因为，不管是哪家厂商生产的淡色酱油，盐分大致都差不多。所以使用淡色酱油能保证绝大多数人都能够重现食谱的味道。

关于含盐量，浓色酱油为15%～16%，淡色酱油为18%～19%。因此，只需要少量淡色酱油，就能制作出颜色清丽的料理。反之，浓色酱油鲜味成分较多，相对淡色酱油来说味道更浓厚。因此，请根据两种

酱油的特性区分使用。如果没有淡色酱油，可以用等量的浓色酱油代替。

●用味醂补足甜味

比起使用上白糖（译者注：上白糖是在蔗糖中混入了一定比例的转化糖，性状湿润）、三温糖（译者注：黄砂糖的一种，以制造白糖后的糖液所制，因此色泽偏黄，具有浓烈甜味）等种类繁多的砂糖，可以使用味醂来补足甜味。因为同样作为发酵食品的味醂也能够提供鲜味。

三种调味比例

万能的8:1:1汤底

这个比例的汤底之所以被称为万能汤底，就是因为用它能够制成各种各样的料理。

在不同的料理中，8有可能会替换为15～20，调味料的味醂有可能会替换为酒，1也有可能会替换为0.5。

一开始可以尝试按照食谱计算用量，再根据使用的汤锅来判断汤汁的总量。

【基础】

8 : 1 : 1

高汤或清水　　　淡色酱油　　　味醂

首先从牢牢记住基础汤底的味道开始，之后再尝试增减调料，满足个人的口味需求。

这个8：1：1的汤底可以直接用来制作面汤、土豆炖肉、筑前煮、蔬菜汤等。

在此基础上，增加最根本的8的部分，就可以用来制作煮鱼、关东煮和什锦锅了。

用8:1:1的汤底来炖煮

通过土豆炖肉来增强制作炖煮类料理的信心。

请记住这里使用的汤底不是高汤而是清水。

说到炖煮类料理，你是不是就想到了酱油口味且炖煮时间较长的食物？

如今已经不是制作口味浓厚的食物保存起来再吃上好几天的时代了，

尽量把料理做得清淡一些吧。

使用8:1:1的汤底来调味就会非常方便，

8:1:1汤底的咸味在炖煮食材的过程中会被吸收，

最终料理的咸淡会变得刚刚好。

做土豆炖肉的时候，除了蔬菜，

由于锅中还有自带鲜味的肉，

所以汤底不使用鲣鱼高汤，而是选择清水。

不过，汤中还需要放入少许海带，

因为海带能够增强肉和蔬菜的鲜味。

万能的8∶1∶1汤底

用清水制作的料理

土豆炖肉

制作土豆炖肉共有四道工序：

1.食材的除霜。

2.先在8∶1∶1的汤底中煮蔬菜。

3.煮开后，关小火，盖上锅盖。

4.之后加入肉，将汤汁收干。

肉煮过头的话会变硬。如果料理进入后半程再加肉，切成薄片的肉在火候刚好的情况下吃起来才会比较柔软。

作为准备工作的除霜，虽然可能比较麻烦，但做与不做却能在味道上产生巨大的变化。只需要准备一口锅，向锅中放入充足的水，煮沸之后先焯蔬菜，再用同一锅水焯肉，沥干水分。蔬菜上的水分无需沥干。

Q 为什么不使用鲣鱼汤而是海带汤？

肉的香味和鱼的鲜味中和在一起，反而会产生不和谐的味道。蔬菜的清新加上肉的香味已经足够了。此外，海带中含有的谷氨酸能在不妨碍食材原味的基础上将它们的味道结合起来，使食物更加鲜美。

煮东西时需要注意的要点

●汤要多

煮东西时，食材有时是不是比汤还多？

如果食材没有完全浸没在汤里，就不能完全吸收汤汁。所以不要选择浅口的平底锅，应该选择汤能够浸没食材的锅。

●选择小锅盖

锅盖要比锅小一圈。盖上锅盖之后，汤的温度会升高，能够更快煮好。如果没有木质锅盖，也可以选用铝制锅盖等来代替。

蔬菜一起除霜

土豆炖肉

材料（4人份）

猪五花肉 150 克

土豆 250 克

胡萝卜 100 克

洋葱 150 克

魔芋丝 1/2 袋

荷兰豆 6 个

汤料（8:1:1）

　┌ 水 400 毫升

　│ 淡色酱油 50 毫升

　└ 味醂 50 毫升

海带 5 厘米见方 1 块

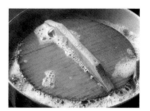

盖上小盖子

之后再放入肉

制作方法

1. 土豆、胡萝卜去皮，切成方便一口食用的大小，洋葱切成3
   厘米宽的半月形。猪肉切成5厘米的长条，荷兰豆去丝。
2. 向锅中放入充足的热水，同时放入土豆、胡萝卜、洋葱、魔
   芋丝，捞出并控干水分。用同一锅水焯猪肉，同样控干水分。
3. 向锅中倒入汤料和海带，放入土豆、洋葱、胡萝卜、魔芋丝，
   开中火，开锅之后盖上锅盖转小火。
4. 锅中汤汁煮至只剩一半时加入猪肉，收汁后加入荷兰豆。

收汁

万能的8：1：1汤底
用清水制作的料理

筑前煮

筑前煮也选用清水汤底，食材无需炒制，保留清爽的口感。

土豆炖肉也同样使用8：1：1的清水汤底炖煮。制作筑前煮常见的方法是将食材炒制之后再进行炖煮，但本书介绍的方法是不要炒制食材。为了防止肉煮过头，在料理的后半程再加入锅中，炖煮的时候盖小锅盖。这样就能制作出清爽的筑前煮。

材料（4人份）

鸡腿肉 250克

芋头 150克

胡萝卜 100克

莲藕 100克

牛蒡 50克

鲜香菇 4个

魔芋 150克

豆角 6个

高汤（8：1：1）

　┌ 清水 400毫升

　│ 淡色酱油 50毫升

　└ 味醂 50毫升

海带 5厘米见方1块

蔬菜一起除霜

之后再加鸡肉

制作方法

1. 鸡腿肉切成一口大小，芋头、胡萝卜去皮切块，莲藕去皮、对半切开，切成宽5毫米的薄片。魔芋用勺子搗成合适的大小。牛蒡清洗干净之后，斜着切成3毫米厚的小块，鲜香菇去根。豆角切成长4厘米的小条。

2. 向锅中加入水，放入芋头、胡萝卜、莲藕、魔芋、牛蒡、香菇，煮开之后，马上用漏勺捞出（除霜）。

3. 接下来在热水中放入豆角，焯水之后用漏勺捞出。接着放入鸡肉，表面泛白之后捞出、控水（除霜）。

4. 向锅中放入步骤2的食材、汤底和海带，盖上小锅盖后开中火炖煮。蔬菜熟了之后加入鸡肉，用中小火煮2分钟左右（肉不要煮过头），最后加入豆角即可。

牛肉竹笋滑蛋

本菜谱使用的是竹笋，也可以选择牛蒡、土当归等时令蔬菜自行搭配。

材料（2人份）

牛里脊肉片 150 克

竹笋* 150 克

大葱 1 根

鸡蛋 2 个

汤底（8:1:1）

　┌ 清水 240 毫升

　│ 淡色酱油 30 毫升

　└ 味醂 30 毫升

树芽 适量

制作方法

1. 锅中准备热水，碗中准备凉水。牛肉焯水除霜之后，放入冷水中冷却，控干水分之后切成 5 厘米长的小块。大葱斜着切成宽 1 厘米的小块。竹笋竖着切成宽 5 毫米的小片。

2. 在平底锅中铺上大葱，摆上竹笋，放入牛肉，再倒入凉汤底，开中火炖煮。

3. 开锅之后，火关小一些，搅散鸡蛋，分 2 次倒入锅中，关火，盖盖焖制。盛出后撒上树芽即可。

＊使用的是已经去除涩味的笋。去除涩味的方法参见第 37 页。

万能的 8:1:1汤底

用高汤制作的料理

油豆腐茼蒿汤

使用这一汤底可以做出美味的蔬菜汤。烹饪过程中不仅需要炖煮，还要浸泡。请用各式蔬菜进行尝试。

先煮油豆腐，使其入味，最后加入绿色蔬菜，让它们浸泡在汤汁里，这样可以保留蔬菜爽脆的口感。

材料（2人份）

油豆腐 1块

茼蒿 1束

汤底（8:1:1）

- 鲣鱼高汤 240毫升
- 淡色酱油 30毫升
- 味醂 30毫升

制作方法

1. 油豆腐切成宽1厘米的小条，浇上热水去除多余油脂。茼蒿取叶片，对半切开。
2. 向锅中放入汤底和油豆腐，煮开后转小火慢慢炖煮，放入茼蒿叶使其全部浸泡在汤汁里，关火。

茄子汤

　　因为茄子已经事先炸过了，所以不需要炖煮过久。炸过的茄子只要浸泡在汤汁里即可。茄子油炸后需要用热水去除油脂。

炸好的茄子浸入汤汁中

材料（2人份）

茄子 4根
胡葱 2根
汤底（8:1:1）
┌ 清水 240毫升
│ 淡色酱油 30毫升
└ 味醂 30毫升
宽油 适量

制作方法

1. 茄子去蒂，竖着切成4瓣，再拦腰对半切开。胡葱斜切。准备好热水。
2. 茄子用油炸定型之后，浇上热水去除多余油脂。
3. 向锅中倒入汤底煮沸，再放入步骤2中的茄子，汤一旦沸腾了就关火，放入胡葱即可。

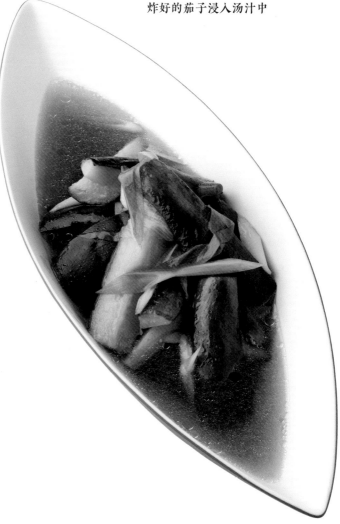

万能的8:1:1汤底的拓展

用高汤制作的料理

高野豆腐汤

甜口汤类，淡色酱油分量减为0.5。炖煮自带一些鲜味的食材时，需要减少淡色酱油的用量，给料理增加一些甜味。因为不管是高野豆腐还是面筋本身都没有鲜味，所以汤底要选择鲣鱼高汤，再用小火慢煮。牛蒡、慈菇等也可以用这个汤汁来炖煮。

Q 为什么不用大火？

如果开大火炖煮，液体对流会使汤汁变得浑浊。不要咕嘟咕嘟地煮，而是用小火炖煮，使汤保持袅袅升腾热气的状态来炖煮食材。

尽情享受吸饱汤汁的高野豆腐吧！

材料（2人份）
高野豆腐 2块
汤底（8:0.5:1）
┌ 鲣鱼高汤 400毫升
│ 淡色酱油 25毫升
└ 味醂 50毫升
荷兰豆 2个

制作方法
1. 将高野豆腐浸泡入温水后，按照包装袋上标识的方法切成4等份。
2. 向锅中放入汤底和高野豆腐，点火煮开之后转小火再煮5~10分钟。最后点缀上焯过水的荷兰豆即可。

面筋汤

　　面筋沾上面粉，用油煎过之后再煮。最重要的是炖煮的时候不要让汤汁沸腾。开小火炖煮，这样面筋也不会煮化。为了增加鲜味，还可以放入鱼干一起炖煮。面筋适合与比海带味道更重的汤底一起炖煮。

材料（2人份）

面筋 1块（约270克）

面粉 少量

色拉油 少量

汤底（8:0.5:1）

┌ 鲣鱼高汤 200毫升

│ 淡色酱油* 12毫升

└ 味醂 25毫升

鱼干 4～5个

豆角 少量

用油煎

制作方法

1. 面筋切成2等份之后撒上面粉。

2. 向平底锅中倒入色拉油，将步骤1中的面筋煎至金黄色，再用厨房用纸去除油污。在面筋上浇热水去除多余油脂，切成8块。

3. 向锅中放入汤底和鱼干，加入步骤2中的面筋开中火炖煮，开锅之后关小火慢煮15分钟使面筋入味。最后点缀上焯过水的豆角即可。

＊淡色酱油用量约为味醂的一半即可。

汤底中加入鱼干

用清水制作的料理

清煮鲷鱼

煮鱼要清淡，清水汤底的比例调整为 15：1：0.5，先从煮鲷鱼开始。

掌握了这个清淡的煮法，就能够自信应对鱼类料理的制作了。

不只是煮鱼，这个清淡的煮法还可以通过增加汤底的量用于煮汤和做火锅汤底等。配方的比例由原来的 8：1：1 增至 15：1：0.5，清水的含量是原来的两倍。代替味酥的酒能让汤的味道更加清爽。不需要使用鲣鱼高汤，用清水炖煮就足够了。除了鱼肉，也请品尝富含鱼肉营养的汤汁。鱼肉可以按照个人喜好选择鲅鱼、鳕鱼、三文鱼、青花鱼等。

首先用盐腌制鱼肉，有利于鱼肉入味

不管是鱼类还是肉类，如果一上来就煮，即便用很浓的汤汁炖煮，让鱼肉入味也要花上不少时间。

在鱼肉上撒盐

事先用盐腌过的鱼肉，能够排出多余的水分，与此同时有了底味，更加容易吸收汤汁，即便是用清淡的汤底炖煮也能在短时间内入味。

不煮沸汤汁，将鱼肉浸入凉汤汁中

人们一直都认为，如果放入沸腾的汤汁中，鱼肉就不会散，鲜味也不会消失，还能顺便去除腥味。其实，只要经过"除霜"这一步骤，鱼肉表面就会变得紧实，即便放入凉汤汁中炖煮也不会被煮散。再加上脏东西也会被热水除去，也就不会有腥味了。

事实上，如果将鱼肉放入凉汤汁中开始煮，在锅中温度达到50~80摄氏度时，蛋白质会发生变性，能够激发出鱼肉的鲜味。因此，不要把鱼肉放入热汤汁中，而应该放入凉汤汁中煮。

15 ： 1 ： 0.5
清水　　　　　淡色酱油　　　　　　酒

将鱼肉和其他食材放入凉汤汁中

清煮鲷鱼按照这个顺序来制作：

并不需要一整条鱼，准备几块鱼肉就可以了。

买回鱼肉之后，撒上少许盐腌制后除霜，为料理做准备。

除此之外，即便不是在专门的鱼摊，在超市买的鱼肉也可以。因为现在物流发达，就算是超市，鱼肉的种类也很丰富。

Q 一定要除霜吗？

不要直接煮带着盐巴的鱼肉。通过除霜（参见第7页），让鱼肉先在热水里过一下再用冰水冷却。

如同泡澡去除身上的脏东西一样，通过除霜可以去除鱼肉表面的脏东西、鳞片、黏液和腌鱼用的盐。鱼肉虽然表面会通过除霜而变得紧实，但中间部分依旧还是生的。

不要煮过头！
用葱来判断锅中的情况
鱼肉煮过头会变得干巴巴的

煮开之后关小火再炖煮1～2分钟，鱼肉内部有变熟的迹象即可。由于腌鱼的时候打开了鱼肉纤维的通道，所以鱼肉会非常容易入味。等到一起放入锅中的葱变软之后就可以关火了。

过热水

冰镇

清煮鲷鱼

材料（2人份）

鲷鱼（切成块）160克

鲜香菇 2个

大葱 1根

豆腐 100克

泡发的海带苗 40克

茼蒿 适量

盐 适量

汤底（15：1：0.5）
- 清水 600毫升
- 淡色酱油 40毫升
- 酒 20毫升

海带 5厘米见方1块

树芽 少量

制作方法

1. 鲷鱼肉等量切成4块，每块约重40克。两面撒盐，放置20～30分钟。

2. 锅中烧热水，碗中放好冷水备用。将鱼肉快速焯水，转移至冷水中去除杂质，控干水分。注意不要把焯过鱼肉的水倒掉。

3. 香菇去根后也要快速焯水。

4. 大葱切成长4厘米的小段，在两面四处用菜刀斜着轻轻打上花刀（方便食用）。豆腐切成2等分，每块约重50克。

5. 向锅中倒入足量清水，开火前放入鲷鱼、豆腐、香菇、大葱，再放入海带、淡色酱油和酒。

6. 开中火，沸腾之后再煮1分钟左右，大葱变软之后放入茼蒿和海带苗，关火。盛至容器中，再摆上树芽即可。

通过大葱来检验是否煮好

用清水制作的料理

关东煮

关东煮汤底的比例为20:1:0.5，不用高汤，而是用清水。在凉汤底里放入食材，切记不要煮过头。

提到关东煮里的白萝卜，相信大多数人的第一印象都是棕色、浓酱油味，其实这是煮过头的表现。制作关东煮的时候，应该最大程度地激发白萝卜、鱼饼等食材的鲜味。

因此，我们需要将白萝卜切成2厘米厚的小块。提前焯水，白萝卜就不会煮成酱油色，但与此同时也能很好地入味。

另外，汤汁不要煮沸，在凉汤底里放入白萝卜等食材，煮出鲜味。

味醂用量为淡色酱油的一半，这样制作出的关东煮味道才会清爽。

Q 不能用高汤来煮吗？

鱼饼会释放鲜味，如果再用高汤来煮的话，味道反而会变得复杂。

如果食材中鱼饼不多的话，可以在清水汤底里加入一些鲣鱼高汤来补足鲜味。

在清水汤底里加入鲣鱼高汤

关东煮

材料（4人份）

白萝卜 1个

鸡蛋 4个

鱼饼（按个人喜好选择）

┌ 炸鱼饼 4小块
│ 圆筒状鱼糕 2小块
└ 鱼肉山芋饼 1块

魔芋结 200克

鲜香菇 4个

汤底（20:1:0.5）

┌ 清水 1升*
│ 淡色酱油 50毫升
└ 味醂 25毫升

海带 10厘米见方1块

荷兰豆 少量

制作方法

1. 白萝卜切成2厘米厚的圆块，焯水的时候煮至变软（白萝卜过厚的话不容易入味）。

2. 鸡蛋在水中煮8分钟，放入水中冷却，剥掉蛋壳。

3. 圆筒状鱼糕对半切开，鱼肉山芋饼切成合适的大小。锅中汤底煮沸，鱼饼、魔芋结、去根的香菇用漏勺兜住放入锅中煮熟。无需沥干食材上的汤汁。

4. 向锅中加入充足的清水，放入调味料、上述全部食材和海带。

5. 开火煮步骤4中的食材，开锅之后关火。最后点缀上焯过水的荷兰豆即可。

*食材中鱼饼量少的情况下，在清水汤底里加入一些鲣鱼高汤来补足鲜味。

将食材一起放入热水中焯一下

放入凉汤底中开始炖煮

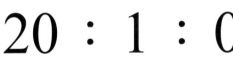

20 : 1 : 0.5

清水　　　　淡色酱油　　　　味醂

用清水制作的料理

什锦锅

什锦锅汤底的比例也是20:1:0.5。什锦锅也和关东煮一样用清水炖煮。不加高汤。

不是将所有食材一股脑丢进锅中咕嘟咕嘟炖煮，而是根据食材各自的特性将其煮得恰到好处。

Q 为什么这些用锅炖煮的料理不用高汤制作呢？

鱼类、贝类的鲜味会转移到汤汁里。如果想要享用美味什锦锅，应该按照先肉类后蔬菜的顺序放入食材再品味。

鱼肉和香菇都要除霜之后备用。

白菜之类的食材要先焯水，之后放入锅中短暂地被汤汁包裹之后即可食用。这个食谱里，菠菜会用焯过水的白菜叶卷住。

什锦锅

材料（2人份）

蛤蜊 4个

金目鲷鱼鱼肉（30克）8块

虾 4只

白菜 4大片

菠菜 1株

大葱 5厘米长的8根

鲜香菇 4个

卤水豆腐 半块

茼蒿 半株

汤底（20∶1∶0.5）

┌ 清水 800毫升

├ 淡色酱油 40毫升

└ 味醂 20毫升

海带 10厘米见方1块

制作方法

1. 蛤蜊用清水洗净后，在清水中浸泡2～3分钟去除盐分。

2. 金目鲷鱼两面撒上盐，静置20分钟，放入充足的热水中除霜，再放入凉水中冷却，沥干水分。

3. 斜着切去虾尾，去除虾线。

4. 大葱侧面打上花刀，香菇去根，豆腐切成4等份，茼蒿切成适当大小。

5. 制作白菜卷。白菜焯水后沥干水分冷却。菠菜焯水在凉水中冷却之后沥干水分，分成4小株，用白菜把菠菜卷起来，切成一口大小（如果觉得麻烦也可以不把白菜制作成白菜卷）。

6. 向锅中倒入充足的清水，加入调味料，食材不要一股脑都放下去，而是先放入金目鲷鱼、蛤蜊、豆腐，开火炖煮。接着再一点一点放入剩下的食材。

7. 蛤蜊开口之后就可以吃了。放入茼蒿，涮一下即可食用。

鱼肉除霜备用

清水中加入调味料

先放入鱼肉

万能的8:1:1汤底的拓展料理

用高汤制作的料理

温荞麦面

制作汤面时，清水或者高汤需要多放一些。

荞麦面中汤底分量为15，而乌冬面由于其本来就含盐，所以汤底应该更清淡，为20，制作汤底的时候会用到酒。

不管制作哪种面条，光用清水做汤底都是不够的。需要用到含有鲜味的鲣鱼高汤或是用鱼干、海带制作的高汤才行。

材料（2人份）
荞麦面（干面）200克
泡发的海带苗 50克
鸭儿芹 6根
汤底（15:1:0.5）
┌ 鲣鱼高汤 600毫升
│ 淡色酱油 40毫升
└ 味醂 20毫升
柚子皮 少许

制作方法

1. 荞麦面按照包装袋上指示的方法煮熟后，在水龙头下冲洗，沥干水分。

2. 海带苗切成一口大小。鸭儿芹3根一束挽成结。

3. 向锅中倒入汤底加热，开锅后加入荞麦面、海带苗、鸭儿芹。关火后盛出，点缀上柚子皮即可。

15 : 1 : 0.5

高汤　　　　淡色酱油　　　　味醂

Q 为什么制作荞麦面时使用味酥，而制作乌冬面时使用酒呢？

因为乌冬面含盐，且本身带有鲜味，因此不使用鲜味强烈的味酥而是使用酒。荞麦面本身不含盐，所以要用味酥来补足鲜味。其实也就是因为"甜味即鲜味"。

冷面汤

制作素面的时候，汤底仍旧为基础的8:1:1，但会使用鲣鱼花来制作高汤。比起素面，制作口味更加独特的荞麦面时，汤底的比例依旧为8:1:1，但会使用浓色酱油和鲣鱼花。使用鲣鱼花是为了提升面汤的口感，使味道更有层次感。

除此之外，加入冰水食用素面时，由于面汤会随着冰块融化而越来越淡，因此汤底可以按照4:1:1的比例来调制，增加面汤的浓度。

温乌冬面

材料（2人份）

乌冬面 2份
鱼糕 2块
菠菜 1株
大葱 4厘米长的4根
汤底（20:1:0.5）
┌ 鲣鱼高汤 600毫升
│ 淡色酱油 30毫升
└ 酒 15毫升
七味辣椒粉 少许

20 ： 1 ： 0.5

高汤　　　　　淡色酱油　　　　　酒

制作方法

1. 乌冬面煮熟后在水龙头下冲洗，并沥干水分。
2. 菠菜煮熟后放在冰水中冷却，拧干水分，切成4厘米长的小条。大葱在两侧打上四五处花刀。
3. 向锅中倒入汤底、乌冬面、大葱，开火煮熟大葱，关火盛出，摆上剩余食材，按照个人口味撒上七味辣椒粉即可。

三种调味比例

咸汤汤底

与8:1:1的汤底共同构成基础味道的还有咸汤汤底。

除了制作咸汤汤底，我们还能制作颜色清淡的炖菜。

想要让食物呈现淡色，就要用咸汤汤底来做调整。

咸汤基本上是以1升的清水或高汤为基础，外加各1小勺的盐、淡色酱油以及酒。

这个汤底的含盐量和人类体液的含盐量差不多，在0.7%和0.8%之间。

因此，咸汤汤底不会过咸，且能够非常顺滑地入口。

用这个汤底能够制作咸汤以及各种炖菜。

首先来介绍使用鲣鱼汤底制作而成的基础汤料理和使用清水汤底炖煮的基础鱼料理。

汤汁的味道也能够随时随地根据需要调整。

也可以像制作鱼料理时那样，不使用盐，而是按照1:25的比例使用淡色酱油来调整咸淡。

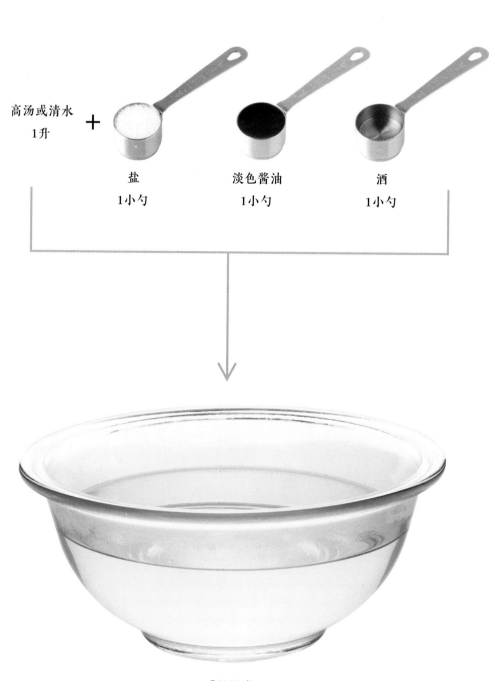

高汤或清水
1升

+

盐
1小勺

淡色酱油
1小勺

酒
1小勺

咸汤汤底

用高汤制作的料理

豆腐海带苗汤

豆腐海带苗汤使用鲣鱼高汤制作的基础汤品，在基础咸汤汤底上进行调味。
除了鲣鱼高汤，也可以使用泡制鱼干的头道高汤（参见第95页）来制作。

材料（2人份）

豆腐 200 克
泡发的海带苗 30 克
鸭儿芹 6 根
咸汤汤底（在基础比例上进行
调整）

- 鲣鱼高汤 500 毫升
- 淡色酱油 3 毫升
- 盐 3 克
- 酒 3 毫升

制作方法

1. 豆腐切分成4块。海带苗切成5厘米长的小条。鸭儿芹3根为一组挽成结。

2. 向锅中倒入汤底、豆腐和海带苗，开中火炖煮，开锅之后关小火并加入鸭儿芹，盛出即可。

咸汤汤底

用清水制作的料理

鲷鱼汤

鲷鱼汤以清水为汤底，淡色酱油按照1:25的比例加入汤底。

与基础咸汤汤底不同，这道料理不使用盐，而是使用淡色酱油和酒来调整汤底口味。由于鱼肉有鲜味，所以不用高汤，而是用清水制作汤底。

除了鲷鱼，这个菜谱同样适用于制作鲅鱼和青花鱼料理。

材料（2人份）

鲷鱼肉 4块（约100克）
胡葱 适量
鲜香菇 4个
汤底（按照1:25比例调整后的咸汤汤底）
- 水 500毫升
- 淡色酱油 20毫升
- 酒 10毫升
海带 5厘米见方1块
树芽 少许

制作方法

1. 鲷鱼肉两面撒盐（盐的用量不包含在材料表里），静置20～30分钟。
2. 胡葱切成长5厘米的小段，香菇去根备用。
3. 向锅中倒入充足的热水，胡葱和香菇焯水。用同一锅水焯鲷鱼肉，沥干水分，去除脏东西。
4. 向锅中倒入汤底、海带等食材，开中火加热，沸腾之后转小火，煮1分钟之后关火。盛出，点缀上树芽即可。

咸汤汤底和万能的8：1：1汤底

用高汤制作的料理

两品嫩竹笋汤

竹笋可以使用两种汤底制作成两品嫩竹笋汤。

按照咸汤汤底调整口味煮出来的汤可以当作下酒菜，而使用浓色酱油、按照8：1：1汤底食谱制作的话就可以当作下饭菜。接下来还会介绍使用萝卜泥的汁去除竹笋涩味的方法（参见第37页）。

使用咸汤汤底制作嫩竹笋汤

为了增加鲜味，要在汤里加入小鱼干，再加入淡色酱油来制作美味汤底。

咸汤汤底的嫩竹笋汤

材料（2人份）

竹笋（8等分之后去除涩味）1
小根

泡发的海带苗 50克

蜂斗菜 1根

汤底（按照1：25比例调整过
后的咸汤汤底）

> 鲣鱼高汤 320毫升
> 淡色酱油 12毫升
> 酒 12毫升

小鱼干 3根

树芽 少许

制作方法

1. 竹笋去除涩味后焯水。

2. 蜂斗菜焯过水后沥干水分，
   去皮，切成长5厘米的小条。

3. 向锅中倒入汤底和小鱼干，
   加入竹笋开火炖煮，开锅后
   关小火，炖煮大约20分钟。

4. 煮熟后放入海带苗煮3分钟，
   再放入蜂斗菜煮1分钟左
   右，最后点缀上树芽即可。

汤底中加入小鱼干

Q 用来补足鲜味的小鱼干、鲣鱼花应该怎样区分使用？

制作嫩竹笋汤时，因为汤底本身比较清淡，所以在家里制作的时候需要用味道比较重的小鱼干来补足鲜味。而制作酱油口味嫩竹笋汤时，因为汤底已经有浓色酱油、味醂的甜味了，因此比起小鱼干，应该用味道没那么重的鲣鱼花来制作汤底。当然，可以按照个人喜好来选择。

酱油味的嫩竹笋汤

为了更好地下饭，选择使用浓色酱油的8:1:1汤底来炖煮，加入鲣鱼花来增强汤底鲜味。

用白萝卜泥的汁去除竹笋的涩味

白萝卜泥和水等量混合后，请试着将去皮切好的竹笋放入其中。比起放在米糠中去除涩味，在白萝卜泥中去除涩味的效果更好，更能保留竹笋本身的鲜味。

材料

竹笋1根

a ┌ 白萝卜泥汁200毫升
　└ 水200毫升

制作方法

1. 竹笋去皮，竖着切成8等份，在a的白萝卜泥汁中浸泡2小时。
2. 用水清洗竹笋，向锅中倒入足量的水和竹笋，开火加热，沸腾之后转小火煮10分钟即可。

酱油味的嫩竹笋汤

材料（2人份）

竹笋（分成8等份之后去除涩味）1小根

汤底（8：1：1）

┌ 鲣鱼高汤 320毫升
│ 浓色酱油 40毫升
└ 味醂 40毫升

鲣鱼花 少许

装饰品

┌ 大葱 适量
│ 鲣鱼花 少量
└ 树芽 少量

制作方法

1. 竹笋去除涩味之后焯水。大葱去芯，将葱白部分切丝，放入清水中清洗，沥干水分备用。
2. 向锅中倒入汤底、竹笋和用厨房用纸包住的鲣鱼花，开火炖煮。开锅之后转小火，炖煮15分钟。
3. 盛出，撒上葱丝、鲣鱼花和树芽即可。

鲣鱼花包住之后再放入锅中

用清水制作的料理

两品萝卜鸡翅汤

说到白萝卜，一般人都会把它煮软后，配上味噌一起吃。下面我要介绍两种使用鸡翅和白萝卜炖煮而成的料理。

由于两道菜所使用的鸡翅本身都自带鲜味，因此汤底用清水即可。酱油味的萝卜鸡翅汤需要加入味醂，使整体口味甜一些。

白萝卜需要提前焯水，鸡翅也需要事先除霜备用。

料理过程中最重要的是，炖煮萝卜时需要使用小火，保持水汽袅袅升起的状态。

萝卜鸡翅汤
出锅前撒一些胡椒粉

酱油味萝卜鸡翅汤
减少淡色酱油用量
汤底比例为8∶0.5∶1，
整体口味偏甜

Q 为什么给萝卜焯水的时候要使用淘米水？

如果觉得焯水麻烦的话，也可以直接炖煮，不过这样一来炖煮的时间就会变长，也必须要增加汤底。

很多人都知道给萝卜焯水的时候要使用淘米水。这是因为淘米水中的淀粉能够吸附萝卜释放出的苦味和脏东西，让萝卜变得更美味。

如果没有准备淘米水，也可以直接放入米粒一起焯水。

萝卜煮到用竹扦可以轻易扎透即可。

萝卜鸡翅汤

材料（参考量）

白萝卜 12厘米（400克）

淘米水 2升*

鸡翅 4个

汤底（咸汤汤底）

┌ 清水 1升
├ 盐 1小勺
├ 淡色酱油 1小勺
└ 酒 1小勺

海带 10厘米见方1块

调味料

┌ 大葱 半根
└ 芹菜叶 少许

胡椒粉 少许

＊也可以用2升清水和50克大米替代。

制作方法

1. 白萝卜切成厚约3厘米的块，去皮，将棱角刮圆，在其中一面刻上十字花刀。将萝卜切成4块，每块重约100克。向锅中倒入淘米水和萝卜，开火煮至萝卜可以用竹扦轻易扎透。

2. 在另一口锅中准备热水，浸入萝卜，用漏勺捞出（去除大米的味道）。

酱油味萝卜鸡翅汤

材料（参考量）

萝卜 12厘米（400克）
淘米水 2升*
鸡翅 4个
鲜香菇 4个
汤底（8:0.5:1）
┌ 清水 600毫升
│ 淡色酱油 40毫升
└ 味醂 75毫升

制作方法

白萝卜、鸡翅的处理方法和咸汤汤底的萝卜鸡翅汤相同。香菇去根，焯过水后放入锅中一起炖煮。

＊也可以用2升清水和50克大米替代。

白萝卜提前焯水

3. 鸡翅放入充足的热水中除霜，再放入冷水中冷却，捞出后沥干水分。
4. 向锅中放入汤底、鸡翅、海带，在沸腾之前转小火，保持这个状态不要让汤汁煮沸（85～90摄氏度），炖煮20分钟左右后盛出，撒上调味料、胡椒粉即可。

＊调味料的处理方法

大葱切取3厘米，去芯，将葱白部分切丝。将葱丝和芹菜叶一起放入水中，团成一团，沥干水分即可。

用高汤制作的料理

咸汤汤底的鱿鱼芋头汤

　　芋头可以用两种方法来制作。咸汤汤底炖煮的鱿鱼芋头汤不适合下饭。要选择下饭菜的话，酱油味的鱿鱼芋头汤很值得推荐。因为鱿鱼自带鲜味，所以汤底选用清水，淡色酱油用量也减半，按照8∶0.5∶1的比例调制汤底。

　　使用咸汤汤底的时候，要调制成偏甜口味的，增强芋头的鲜味。

　　不管选用哪种汤底，都需要将食材提前焯水，因为食材容易煮散，所以在焯水时不要把食材煮透。制作酱油味鱿鱼芋头汤时使用清水来焯水，制作咸汤汤底的鱿鱼芋头汤时，为了让汤汁呈现白色，焯水的时候用淘米水或者直接加入米粒炖煮。

材料（参考量）

芋头 8个（240克）
淘米水 1升＊
汤底（带甜味的咸汤汤底）
 ┌ 鲣鱼高汤 500毫升
 │ 味醂 60毫升
 │ 酒 半小勺
 └ 淡色酱油 半小勺
鲣鱼花 约20克
＊也可以用1升清水和2大勺大米替代。

制作方法

1. 芋头清洗干净后切除两端并去皮。
2. 向锅中倒入淘米水、芋头，开中火炖煮。煮至芋头可以用竹扦轻松扎入为止。
3. 取一口锅准备热水，浸入步骤2的芋头，用漏勺捞出（去除大米的味道）。
4. 鲣鱼花用厨房用纸包好后放入汤底中。
5. 向锅中倒入汤底、芋头和步骤4的鲣鱼花，开中火炖煮，沸腾后转小火，保持80～90摄氏度炖煮约20分钟，使食材入味。

用清水制作的料理

酱油味鱿鱼芋头汤

　　鱿鱼越煮肉越老，但如果先放入鱿鱼须，鲜味就会转移到芋头上。为了防止鱿鱼煮过头，炖煮时鱿鱼身体部分在最后加入。

材料（参考量）

芋头 8个（240克）

鱿鱼 1只

汤底（8∶0.5∶1）
- 清水 400毫升
- 淡色酱油 26毫升
- 味醂 50毫升

柚子皮 少许

制作方法

1. 鱿鱼去除内脏，将须和身体分开备用。身体不切开，带皮切成宽1厘米的鱿鱼圈。

2. 锅中烧水，准备冷水，鱿鱼焯完水后放入冷水中冷却，以去除脏东西。

3. 芋头清洗干净后，切除两端并去皮，向锅中倒入充足的水焯一下（大约3分钟），使芋头保持较硬的状态。

4. 向锅中放入芋头、鱿鱼须、汤底，开火炖煮。盖上小锅盖，沸腾之后转小火继续炖煮。

5. 锅中汤汁只剩一半时加入鱿鱼圈，盖上小锅盖煮2～3分钟。盛出，点缀上柚子皮丝即可。

最初只放鱿鱼须

之后再放入鱿鱼圈

43

三种调味比例

咸甜口的5∶3∶1汤底

你是不是在冰箱里储存了烤肉酱汁、寿喜烧酱汁、烤鸡肉酱汁等一堆酱汁呢？

只要有了接下来我们要介绍的这个咸甜口的汤底，就不需要市面上贩卖的那些酱汁了。只要有了这个，就不用担心该做什么菜来搭配米饭了。这款汤底请务必在家中常备。

将调味料混合在一起放入瓶中备用，不管什么时候都能加入菜肴里，得到咸甜口的美味料理，而且这个汤底也很好保存。

5 ∶ 3 ∶ 1

味酥　　　　酒　　　　浓色酱油

一次性多制作一些的话，
每次要使用的时候就不用再重新混合了。
用掉之后可在原来的汤汁上补足，
保存也很方便。

接下来介绍用5:3:1的咸甜口汤底
制作的七道料理

重要的是制作料理时，不需要入味至食材中心，将汤汁浇在食材上、包裹住食材就可以。

制作照烧鰤鱼、鰤鱼烧萝卜、照烧牛排、锄烧鸡肉、时雨煮牡蛎时，为了防止煮过头，中途可以将食材从锅中取出以确认状态。

照烧鰤鱼
制作方法参见第51页

鰤鱼烧萝卜 制作方法参见第53页

寿喜烧 制作方法参见第48页

时雨煮牡蛎 制作方法参见第56页

锄烧鸡肉 制作方法参见第55页

照烧牛排 制作方法参见第54页

甜味煮香菇
制作方法参见第57页

寿喜烧

　　制作寿喜烧的时候，虽然也有许多比较讲究的方法，但是如果使用这个咸甜口汤底，料理过程就会变得比较简单。

　　那么，请试着做做看吧。将鸡蛋敲入碗中，同时也做好享用美食的准备。在肉被汤汁包裹住、煮得刚刚好的时刻，要马上从锅中捞出来。

　　可以配合生姜末一起食用，这样能更突出肉的味道。

Q 食材入锅的顺序是怎样的？

　　首先，放入魔芋丝翻炒，充分蒸发其中的水分。

　　肉类分次下锅，将肉中的鲜味通过炖煮转移到蔬菜上。

牛肉寿喜锅

材料（2 人份）

牛五花肉 300 克
魔芋丝 1 袋
牛蒡 1/2 根
青葱 1 根
煎过的豆腐 1 块
茼蒿 1 把
咸甜口汤底（5:3:1）
┌ 味醂 300 毫升
│ 酒 180 毫升
└ 浓色酱油 60 毫升
鸡蛋 适量
生姜末 20 克
色拉油 少量

翻炒魔芋丝

加入咸甜口汤汁

放入牛蒡、豆腐

加入牛肉和青葱

制作方法

1. 牛肉洗净，斜着切成薄片。青葱斜切。魔芋丝焯水，沥干水分，切成 15 厘米的长条。茼蒿取叶，对半切开。豆腐切成 10 等份。咸甜口汤底提前混合好备用。

2. 向锅中倒入沙拉油预热，倒入魔芋丝翻炒，蒸发其中的水分，加入牛蒡、豆腐和魔芋丝一起翻炒。

3. 倒入汤底，开大火使其中的酒精蒸发，加入牛肉、青葱，观察锅中食材情况，在合适的时候加入茼蒿，碗中搅好鸡蛋，搭配生姜末即可食用。

咸甜口的5:3:1汤底

照烧鰤鱼

在网架上边烤边刷调料的照烧制法非常麻烦。让我们使用平底锅来简单地制作吧。工序只有四步：

1. 在鱼肉上撒盐。
2. 沾上薄薄的粉。
3. 中途从锅中取出。
4. 包裹上酱汁。

Q 为什么要撒盐、沾粉呢？

撒盐是为了更好地入味（参见第22页"清煮鲷鱼"），沾粉能让酱汁更容易包裹住鱼肉。

照烧鰤鱼

材料（2人份）

鰤鱼（80克的鱼肉块）2块
盐 少许
小麦粉 少许
色拉油 1小勺
蔬菜（可以按照个人喜好选择）
  ┌ 玉米笋 2根
  │ 大葱 5厘米长的2根
  └ 绿辣椒 2个
咸甜口汤底（5:3:1）
  ┌ 味醂 100毫升
  │ 酒 60毫升
  └ 浓色酱油 20毫升

制作方法

1. 鰤鱼肉两面撒上少许盐，静置15分钟，用水冲洗之后沥干水分，均匀撒上一层薄薄小麦粉（也可以用刷子刷）。大葱的侧面打上花刀。

2. 向平底锅中倒入色拉油，放入步骤1的鰤鱼，开大火煎制，煎至变色之后翻面。

3. 用厨房用纸擦去平底锅上的油污。

4. 向锅中倒入咸甜口的汤底，放入鰤鱼稍微煮一下后捞出。

5. 加入玉米笋、大葱，开大火收汁，等汤汁冒大泡之后，重新放入鱼肉，裹上汤汁。等到汤汁再次冒大泡时放入绿辣椒。注意不要糊锅，等食材完全被汤汁包裹住了即可出锅。

撒盐

沾粉

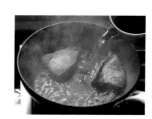
加入咸甜口汤底

咸甜口的5∶3∶1汤底

鲕鱼烧萝卜

先将鲕鱼从锅中取出，等到萝卜煮得差不多之后再加入鲕鱼继续炖煮。
通过这种方法，最后的成品鲕鱼和萝卜都能保留各自的口味。
虽然鲕鱼也可以一整块直接放入锅中煮，但这里我们推荐切块炖煮。

Q 煮到一半要把鲕鱼从锅中拿出吗？

鱼肉如果煮过头的话会变得干巴巴的。为了保证鱼肉能够保持鲜嫩的状态，等到鱼肉的鲜味转移到萝卜上之后，就可以先把鱼肉从锅中捞出来，最后收汁的时候再放回，这样鱼肉就能有松软的口感。

鰤鱼烧萝卜

材料（2人份）

鰤鱼（80克的肉块）2块
萝卜 4厘米（180克）
大米 少许
大葱葱叶 1根
咸甜口汤底（5:3:1）

- 味醂 150毫升
- 酒 90毫升
- 浓色酱油 30毫升

生姜（薄片）1小块
大葱葱白 半根
荷兰豆 5个

制作方法

1. 萝卜去皮切成厚1厘米的块（4块，每块重45克），放入锅中，加入能浸没萝卜的水，再加入大米，开大火焯水。水开之后转中火，将萝卜煮至能用竹扦轻松扎透即可。

2. 鰤鱼肉切分成每块重40克左右，薄薄撒上一层盐（盐的分量不包括在食谱里），静置20分钟。

3. 将步骤2的鱼肉浸入热水中除霜，再放入冷水中冷却。

4. 将葱白切成长4厘米小段，去芯切丝，放入水中漂洗。

5. 向平底锅中放入萝卜、鱼肉、大葱葱叶，再倒入咸甜口的汤底，开火炖煮。开锅之后，炖煮2分钟左右，取出鱼肉。

鰤鱼肉除霜

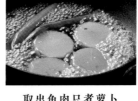

取出鱼肉只煮萝卜

炖煮萝卜和鰤鱼

放回鱼肉

6. 只炖煮萝卜，汤汁冒大泡之后放回鱼肉，再加入姜片，将汤汁浇在食材上。出锅后，点缀上焯过水的荷兰豆和步骤4的葱丝即可。

咸甜口的5:3:1汤底

照烧牛排

如果一直将肉放在烧热的平底锅上面，肉会被烧干。中途将肉取出静置的话，肉的中心能够保持湿润的状态。烤制的程度可以按照个人喜好调整。如果肉块比较厚的话，可以多重复几次取出、静置的步骤。

材料（1块牛排）

牛排 1块（150克）
盐、胡椒 各适量
牛油 1块（或者色拉油）
咸甜口汤底（5:3:1）*
- 味醂 100毫升
- 酒 60毫升
- 浓色酱油 20毫升

配菜

水煮卷心菜、山药 各适量
生姜末 适量
＊汤汁的分量适用1块牛排。根据牛排数量进行相应调整。

制作方法

1. 从冰箱中拿出牛排之后在室温下放置20分钟，两面撒上盐和胡椒。
2. 向平底锅中放入牛油，牛油融化之后放入牛肉，开大火煎两面，用厨房用纸擦掉牛排析出的油脂。
3. 倒入咸甜口的汤底，开锅之后取出牛排。放置1分钟左右之后，重新放回平底锅中煎20秒左右，期间将锅中汤汁不停地浇在牛排上，再取出牛排静置1分半钟。然后再将牛排放回平底锅中煎15秒，期间不停地浇汁。
4. 等到汤汁冒大泡后加入1小勺生姜末，和牛排混合均匀之后即可出锅。锅中开火收汁。
5. 牛排按照个人习惯切块，在盘中摆上配菜，浇上汤汁，再放上生姜末即可。

取出牛排静置

锄烧鸡肉

制作锄烧鸡肉也需要中途将鸡肉从锅中取出，浇上已经煮得黏稠的汤汁。因为鸡肉已经拍过粉了，所以可以很好地粘住汤汁。出锅后点缀上紫苏丝。

材料（2人份）

鸡腿肉 1大块（约300克）
小麦粉 适量
大葱 2/3根
鲜香菇 2个
绿辣椒 4根
色拉油 1大勺
咸甜口汤底（5:3:1）
- 味醂 150毫升
- 酒 90毫升
- 浓色酱油 30毫升

制作方法

1. 鸡肉切成7～8毫米厚、方便食用的大小，刷上薄薄的一层小麦粉。
2. 大葱切成长4厘米的小段，斜着打上花刀。香菇去根，绿辣椒用菜刀尖开一个洞。
3. 向平底锅中倒油烧热，放入鸡肉开大火煎制。煎至金黄，翻面继续煎，在平底锅空余的地方放上大葱、香菇，一起煎。
4. 等两面都煎至金黄之后，用厨房用纸擦去平底锅中的油污。
5. 倒入咸甜口汤底，煮至鸡肉差不多入味之后，取出鸡肉，收汁。等汤汁冒大泡之后，放回鸡肉，再放入绿辣椒，让汤汁均匀包裹住食材即可。

刷上小麦粉

咸甜口的5∶3∶1汤底

时雨煮牡蛎

为了避免牡蛎煮过头导致缩小，炖煮中途需要将其取出以保持松软的口感。撒上海苔让这道料理充满海的味道。

材料（2人份）

牡蛎 2盒（约12个）
烤海苔 2片
生姜 适量
咸甜口汤底（5∶3∶1）
┌ 味醂 150毫升
│ 酒 90毫升
└ 浓色酱油 30毫升

制作方法

1. 牡蛎浸入充足的热水中除霜后捞出，用手轻柔地揉洗，沥干水分。
2. 海苔撕碎。生姜切丝，放入水中漂洗一下。
3. 向锅中放入牡蛎、咸甜口的汤底，开火炖煮。
4. 开锅之后取出牡蛎，收汁。
5. 汤汁冒大泡之后放回牡蛎，加入海苔一起炖煮，最后加入生姜丝即可。

取出牡蛎

放回之前取出的牡蛎

甜味煮香菇

推荐使用一年四季都能买到的鲜香菇来制作这道料理。比起干香菇，鲜香菇少了一步泡发的工序，并且还保留了新鲜的风味。香菇在炖煮之前如果先除霜，香味就更突出，脏东西被去掉之后，整道菜的味道也会更纯粹。

材料（2人份）

鲜香菇 16个
生姜 1小块
咸甜口汤汁（5:3:1）
┌ 味醂 150毫升
│ 酒 90毫升
└ 浓色酱油 30毫升
大葱葱叶 少许

制作方法

1. 香菇去根，浸入充足的热水中除霜，用漏勺捞出。不再放入清水中清理也无妨。
2. 生姜切丝，放入清水中漂洗，沥干水分。
3. 向锅中放入香菇、咸甜口汤汁、葱叶炖煮，收汁。汤汁冒大泡之后，放入生姜即可。

香菇除霜

低温制作的料理

你是否还在用大火料理鱼类和其他肉类食材？

用大火煎制肉类的话真的会保留多汁的口感吗？

蛋白质以65摄氏度为界，会发生凝固现象。

如果保持65～80摄氏度的温度进行料理，不仅肉块中心能够保持柔嫩多汁的状态，整体的鲜味也能得到最大程度的保留。

最近受到大家欢迎的低温料理就是运用了这个理论。

尽管如此，但我们也不能不把食材煮熟。

因此关键就在于如何让食材保持似生非生的状态。

所以利用咸甜口汤底制作料理时，炖煮到一半要把食材从锅中捞出静置。

"避免过度加热"，请在日常的料理中也记住这个原则。

放入猪肉

其实，制作日式料理时原本就会用到低温料理法。

茶碗蒸、竹笋银鱼蒸菜饭之类蒸制的料理就运用了这个方法。即便蒸汽已经达到了100摄氏度，但碗中会保持80摄氏度左右的温度。通过蒸汽缓缓加热，让食材保持鲜嫩的口味，这就是低温料理法。

不论是猪肉还是牛肉，如果放入沸水中，转眼间就会变熟，过度加热的肉会变得干巴巴的。

但放入80摄氏度的热水中，只需要静静等待，就能将肉加热到柔软的状态。

涮好的肉可以搭配豆乳芝麻酱享用，也可以再淋上辣油，享受舌尖上的刺激。

涮猪肉

涮猪肉

材料（2人份）

涮锅用猪五花肉 200 克
蔬菜
┌ 黄瓜 40 克
│ 胡萝卜 15 克
└ 大葱 40 克

豆乳芝麻酱
┌ 豆乳（无添加）100 毫升
│ 浓色酱油 25 毫升
│ 白芝麻酱 25 克
│ 砂糖 1 大勺
│ 蒜末 少许
└ 辣油 少许

豆乳芝麻酱

制作方法

1. 蔬菜全部切成长 5 厘米的火柴棒大小，放在清水中漂洗之后沥干水分备用。
2. 把用于制作豆乳芝麻酱的材料全部混合在一起备用。
3. 猪五花肉切成约 10 厘米的长条。
4. 向锅中倒入 1 升水后开火，等到沸腾之后关火，再加

入 300 毫升的水将锅中温度降至 70～80 摄氏度。将步骤 3 的猪肉放入锅中，浸泡 60～90 秒。如果猪肉量大的话锅中温度会降低，这时开小火将锅中温度保持在 70～80 摄氏度即可。
5. 猪肉表面变白之后，捞出沥干水分，放凉。

倒入凉水降低温度

6. 将步骤 1 的蔬菜和猪肉摆好盘，淋上步骤 2 的酱汁，或者淋上自己喜欢的酱汁。

低温制作的料理

和风烤牛肉

制作烤牛肉的时候，不用一直加热，利用肉的余温也可以让肉的中心部分变熟。最后，肉块中心的温度能达到40摄氏度左右，处于一种似生非生的状态，这道菜可以说是低温料理的代表了。接下来介绍一种不需要烤箱，只需要平底锅就能制作烤牛肉的简单方法。

制作和风料理的秘诀在于，烤制过后浇上热水冲去肉块上多余的油脂，再用酱油汤汁包裹住食材。

Q 只要一只平底锅就可以吗？

不需要烤箱，只要有平底锅就能制作，非常简单。

当然，肉块的大小也很重要。用5厘米见方的肉块来制作是最合适的。如果肉块厚度不够的话，煎制的时间也要相应调整。

和风烤牛肉

材料（参考量）

牛腿肉（烤肉用）* 400～500克
盐 5克
色拉油 3大勺
汤汁
  ┌ 酒 6大勺
  │ 浓色酱油 3大勺
  │ 水 3大勺
  │ 海带 5厘米见方1块
  │ 大葱末 1根
  └ 紫苏末 10片
胡椒 少许
麦芽糖 1大勺
蛋黄萝卜泥（萝卜泥1杯、蛋黄2个）
水芹 适量
酸橘 1个
芥末 少许
＊牛肉厚度为4～5厘米

制作方法

1. 牛肉在室温下静置1小时后，撒上盐放置20分钟左右。
2. 锅中烧热水备用，向平底锅中放入色拉油，开大火煎制牛肉，每个面都要煎到。煎好后将热水倒在牛肉上，冲去多余油脂，沥干水分。
3. 清理干净平底锅，倒入煮汤汁所需要的材料，烧开之后放入步骤2的牛肉，盖上盖子（密闭性需好），转小火煮10分钟左右。中途翻动牛肉，浇上汤汁。
4. 将牛肉取出放在方平底盘上。将剩余汤汁煮沸，加入胡椒和麦芽糖收汁，等汤汁变稠即可关火淋在牛肉上。盖上锡纸，在室温下静置牛肉，使其入味。
5. 牛肉冷却之后，切成方便食用的大小，浇上汤汁。最后点缀上蛋黄萝卜泥、水芹、酸橘、芥末即可。

撒盐煎制

浇上热水

盖盖炖煮

浇上汤汁、盖上锡纸

低温制作的料理

盐水煮猪肉

　　即使是一整块猪肉，也不能用沸腾的水咕嘟咕嘟地炖煮。

　　重点在于开小火，用袅袅的水汽的温度煮30分钟，能保持肉质的柔软。

　　制作这道料理的时候，肉和蔬菜要一起煮，然后将蔬菜打成泥，作为酱汁淋在肉上。吸收了肉类鲜味的蔬菜，味道会变得温和，很适合搭配肉类一起食用。

Q 用什么样的锅和锅盖呢？

　　普通的锅就可以了。煮的时候不盖盖子。肉的腥臭味会随着水汽一起飘散。煮之前需要撒盐，还要给肉除霜。

　　开的小火需要让锅里保持飘水汽的温度，锅中温度大概在80摄氏度。煮好之后不要急着吃，需等到肉块冷却，这样肉块中心一直保持着利用余热缓慢加热的状态，等肉块整体冷却之后就可以享用了。

盐水煮猪肉

材料 (参考量)
猪肩里脊 (肉块) 500 克
盐 15 克
蔬菜*
┌ 芹菜叶 50 克
│ 胡萝卜 50 克
│ 大葱 50 克
└ 洋葱 100 克
汤汁
┌ 水 1 升
│ 淡色酱油 100 毫升
└ 酒 100 毫升
芥末 适量
＊蔬菜可用现成的。

制作方法
1. 猪肉撒盐，静置1小时左右。
2. 蔬菜切块 (胡萝卜、洋葱去皮)。
3. 锅中准备充足的热水，浸入步骤1的猪肉除霜，用清水洗净，擦去表面水分 (盐也被洗净了)。
4. 向锅中倒入汤汁，加入猪肉和步骤2的蔬菜开火炖煮。
5. 在快要沸腾之前 (大约80摄氏度) 转小火，炖煮30分钟之后关火，冷却至室温。
6. 冷却之后，拿出肉和蔬菜。蔬菜放入料理机中搅拌成糊状。肉切成方便食用的大小，和蔬菜糊、芥末一起装盘即可。
＊带汤汁保存。
＊煮肉和蔬菜的汤汁可以做成肉汤。

撒盐静置1小时

快速除霜

和蔬菜一起炖煮

煮鸡肉

容易变得干巴巴的鸡胸肉，特别要注意料理的时候不要加热过头。

但是，用这里介绍的方法制作就变得简单了。在水沸腾之前转小火煮5分钟就可以了。

制作这道料理的重点也是温度要保持在飘水汽状态的80摄氏度左右。

淋上酸奶芝麻调味酱，尽情享用吧。

Q 为什么要用手撕开摆盘？

请仔细看看煮过之后的鸡胸肉。可以在鸡胸肉上看见像纤维一样的纹理走向。根据部位的不同，有的是竖着的，有的是横着的。沿着鸡肉纹理的走向撕开吧，这与用菜刀切开的口感是不同的。

开小火煮5分钟左右

纹理分横向和纵向

沿着纹理撕开

煮鸡肉

材料（2人份）

鸡胸肉 1块
水 800毫升
海带 8厘米见方1块
酸奶芝麻酱
┌ 酸奶（无糖）100毫升
│ 豆乳 50毫升
│ 淡色酱油 1大勺
└ 白芝麻酱 10克
配菜（按照个人喜好）
┌ 大葱（葱白部分）、紫苏、番茄
└ 水芹 各适量

制作方法

1. 鸡胸肉浸入充足的热水中除霜，捞出，轻柔地洗净，控干水分。
2. 向锅中放入充足的水和步骤1的鸡肉，加入海带开中火炖煮。快要沸腾的时候转小火，煮5分钟左右关火，鸡肉保持浸在热水中的状态，冷却至室温。
3. 将用于制作酸奶芝麻酱的材料混合均匀备用。
4. 等步骤2的食材冷却之后，用手将鸡肉撕成方便食用的大小，淋上步骤3的酱汁。再点缀上葱白丝、紫苏丝、切成一口大小的番茄、水芹叶即可。

＊煮肉的汤汁可以制成肉汤。

酸奶芝麻酱

猪肉生姜烧

煎猪肉的时候要冷锅下肉，开小火煎制，之后再加入酱汁，猪肉从锅中取出静置，再放回锅中裹上酱汁。最后再放入生姜。

Q 为什么要将猪肉从锅中取出再放回锅中？为什么最后再放入生姜？

如果将肉放入滚烫的平底锅中再开大火持续加热，肉会变硬发干。将肉放入冷锅中，开小火慢慢煎制，中途取出猪肉静置一下后再放回锅中煎制，肉就会变得鲜嫩多汁。如果太早放入生姜，料理会发苦，最后放生姜就能够保持料理的风味。

猪肉生姜烧

材料（2人份）

猪里脊肉 2块
盐 少许
胡椒 少许
色拉油 1大勺
酱汁（1:1:2）
┌ 酱油 30毫升
├ 味醂 30毫升
└ 酒 60毫升
生姜末 少许
配菜
┌ 卷心菜 4片
└ 黄瓜、芹菜 各适量

制作方法

1. 切断脂肪和红肉部分的筋膜，两面都撒上盐，静置15分钟，擦去表面水分（盐撒多了的话用水快速冲去）。
2. 向平底锅中倒入色拉油，猪肉撒上胡椒下锅，开小火煎制3分钟左右。等到肉的一半都受热变白之后翻转煎制另一面，煎2分钟左右。
3. 搅匀酱汁，倒入步骤2的锅中，开大火，煮沸之后轻轻混合锅中的汤汁和猪肉，取出猪肉。开中火收汁，等到汤汁开始变黏稠时将猪肉放回锅中，重复上述操作5～6次。
4. 出锅前加入生姜末，将汤汁不停地浇在肉上。
5. 将猪肉切成方便食用的大小，盛出，在碟子中摆上切丝的卷心菜、切片的黄瓜和芹菜即可。

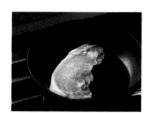

冷锅下肉

加入酱汁

中途取出猪肉

中心很多汁

脆烧鸡

不使用烧热的平底锅，而是将鸡皮朝下放入冷的平底锅中后再开火。等到皮朝下的一面煎到半熟之后再将鸡肉翻转过来继续煎制。煎得脆脆的鸡皮，即便是平时不怎么吃鸡皮的人也值得一试。

Q 为什么要放入冷锅中煎制？

如果将鸡肉放入热锅中，即便是皮朝下开始煎制，肉也会在下锅的一瞬间就开始收缩，这样就不能做到让鸡肉均匀受热了。通过将鸡皮煎熟煎透，能够给整块鸡肉的均匀受热提供保障。虽然烤制过程中鸡皮会渗出油脂，但在煎好之前都请不要擦去。煎出的油脂刚好能达到蒸、炸、烤三位一体的作用。

将鸡肉放入冷锅中

脆烧鸡

材料（2人份）

鸡腿肉 1 大块（约300克）
盐、胡椒 各少许
色拉油 少许
配菜
┌ 柠檬 1 片
└ 水芹 2 根

制作方法

1. 在鸡腿肉两面都撒上盐、胡椒。
2. 向平底锅中倒入薄薄一层色拉油，在不开火的冷锅状态下，将鸡肉皮朝下放入锅中，开中火，盖上锡纸煎制。
3. 利用鸡皮渗出的脂肪将鸡皮炸至脆脆的状态，整个过程大约 7 分钟。中途晃动平底锅，使鸡肉均匀受热。等到鸡肉变白，呈现半熟状态之后翻面继续煎制。
4. 不要擦去渗出的油脂，继续煎制 5 分钟左右。等到用竹扦扎鸡肉最厚的部分有透明的汁水流出时即可。
5. 将煎好的鸡肉切成方便食用的大小，装盘。柠檬切成较厚的半月形小块，去皮后和水芹一起点缀在盘中即可。

盖上锡纸

等到鸡皮煎脆之后翻面

低温制作的料理

沙丁鱼丸汤

鱼丸下入凉汤汁之后再开火。汤汁沸腾之后，开小火慢慢炖煮。如果汤汁一直保持沸腾的状态，锅中强烈的对流会煮散鱼丸。

Q 为什么放入凉汤汁中煮，鱼丸也不会被煮散呢？

如果制作鱼丸的时候步骤都正确，即便放入凉汤汁中煮也不会被煮散。在凉汤汁中煮开的鱼丸会释放鲜味，汤汁会充满沙丁鱼的香味，鱼丸也会变得柔软又蓬松，这和凉汤汁煮鱼肉是一个道理。将鱼丸放入热汤汁中，容易煮过头，鱼丸的口感就会变差。

不仅是鱼丸，煮制用其他肉类制成的丸子时也要凉汤汁下锅。

材料（2人份）

鱼丸
┌ 沙丁鱼肉（去骨）150克
│ 大葱1根
│ 味噌15克
└ 小麦粉10克
汤汁
┌ 水700毫升
└ 淡色酱油2大勺（25毫升）
冬葱2根

制作方法

1. 沙丁鱼两面撒上薄薄的盐（盐的分量不包含在食材里）静置15分钟后，清水洗净并沥干水分。
2. 将鱼肉放在砧板上，用菜刀剁成鱼蓉，保留一点颗粒感。鱼蓉放入碗中，加入切成丁的大葱、味噌和小麦粉，混合均匀。
3. 将煮汤汁的材料倒入锅中，将步骤2的鱼蓉挤成鱼丸下入锅中。
4. 鱼丸全部入锅之后开火，汤汁沸腾之后转小火，出锅之后放入切成3厘米长的冬葱即可。

剁沙丁鱼肉

搅拌用于制作鱼丸的材料

凉汤汁下锅

用清水制作的料理

煮米饭

米饭的制作，还是全权交给电饭煲吗？

即便使用电饭煲，事先也需要将大米浸泡15分钟，再沥干水分静置15分钟。

不管用的是电饭煲还是土锅，不管使用的大米是不是著名的品种，让米粒充分吸收水分是让米饭美味的关键。

为什么要让米粒吸收水分呢？

这是因为大米和豆子一样都处于干燥的状态。

让米吸饱水分之后，下锅之前请记得沥干。

加水的时候少加1成水

如果喜欢有嚼劲的米饭，一般只要加入与泡发米粒等量的水即可。

但是，如果加入比等量还少一成的水的话，做出来的米饭就会变得粒粒分明。

在使用电饭煲的情况下，水量应该在容器内提示线下3毫米处。

水的分量为
泡发米的9成（180克）

1杯大米（150克）

吸水后的1杯米
（约200克）

米饭的煮法

●不管使用土锅还是电饭煲，按照自己喜欢的口感来煮吧

事前准备（无论使用土锅还是电饭煲都一样）。

洗干净米（可以不搓洗），在水中浸泡15分钟，用筛子捞出静置15分钟沥干水分。

●使用土锅的情况下

分5个阶段调整火力：

①开大火直至煮沸。

②沸腾之后，防止煮沸溢出，开中火煮7分钟。

③锅中能明显看得见米粒之后，转小火煮5分钟。

④转最小火煮7分钟。

⑤关火焖5分钟。

蒸好之后，用饭勺翻拌米饭，和空气接触之后，米粒会泛出光泽。在米饭上盖上湿的布巾，为了防止热气聚积形成水汽，将盖子稍微揭开即可。

●使用电饭煲的情况下

普通的电饭煲，煮饭的程序中包括了浸泡米粒的时间。如果使用的是事前已经浸泡且沥干的大米，可以设定快速模式来煮饭。

等到米饭煮好了，快要进入保温模式之前，关掉电源。这是因为，如果电饭煲进入了保温模式，就相当于米饭一直在加温，米饭的风味就会大打折扣。

焖5分钟左右之后，用饭勺翻拌米饭，使其与空气接触，再在米饭上盖上湿的布巾。因为电饭煲的盖子不能保持开一条缝的状态，所以要先把盖子开一会儿，散发热气。

●使用免洗米的情况下

虽说是免洗米，也免不了泡的步骤。如果不泡米，米粒不含任何水分，在干燥的状态进入锅中，煮出来的米饭就没有那么好吃了。

用清水制作的料理

菜饭

　　菜饭是包含其他食材的米饭，比例为10:1:1。10是指和大米等量的水，因为食材会释放鲜味，所以不需要使用高汤来煮饭。

　　制作菜饭的时候，加入满满的食材吧。

　　以前在家里制作菜饭的时候，高汤就用咸汤，也不用特别准备下饭菜，有小菜、蔬菜就可以了，因为下饭用的菜已经和米饭炖煮在一起了。

　　清水（和大米等量）10:淡色酱油1:酒1，用来煮饭的汤汁分量为吸完水后的米粒的9成。

一杯米（150克）
吸水后（约200克）

煮饭汁（分量为吸水后
米9成的水 180克）

水（和泡发前的米
等量150克）

淡色酱油（15克）

酒（15克）

Q 不用高汤来煮饭也可以吗?

制作菜饭的时候,不需要高汤,用清水就可以了。

充分利用大米、食材还有调味料的鲜味吧。

食材不同,下锅的时机也不同

鱼类、肉类、菇类如果过早下锅,加热过度,就会变得干巴巴,也很难保持完整的形状。我们需要根据食材的软硬、厚度来决定下锅的时机。

下锅的时机分为3种,分别为"一开始""中途"和"起锅时"。

●豌豆、竹笋、栗子、芋头这些需要一开始就下锅炖煮。

●切薄片的鱼、肉还有菇类需要中途下锅。

●小鱼干、樱虾、生姜、海苔、绿叶菜、新茶之类很容易加热的食材,为了保留原本的香味和颜色,要起锅时再加入锅中。

＊有些电饭煲,如果中途打开盖子的话,电源会自动切断。这种情况下,请使用土锅或者陶瓷锅来制作。

鲷鱼饭 制作方法参见第76页

用清水制作的料理

鲷鱼饭

鲷鱼饭用土锅来制作，先开大火，再转中火煮7分钟，就能较为清晰地看见米粒了。这个时候要快速地把已经准备好的食材铺在米饭上。

能看清米粒的时候铺上鲷鱼

材料（参考量）
大米 3杯
煮饭汁（10:1:1）
┌ 清水 450毫升
│ 淡色酱油 45毫升
└ 酒 45毫升
鲷鱼（刺身片）150克
树芽 适量

制作方法

1. 大米洗净，浸泡15分钟，捞出静置15分钟控干水分。
2. 鲷鱼肉片撒上盐（盐的分量未计算入食谱），静置20～30分钟。清水洗净之后擦干水分，切成方便一口食用的大小。
3. 向锅中倒入1中的大米和煮饭汁，盖上盖子开大火。锅中沸腾之后，防止溢出而转中小火，稍稍移开锅盖，让锅中保持不太强烈的沸腾状态再煮7分钟。
4. 水分减少到能看得见米粒的时候，在米上铺开步骤2的鲷鱼肉片。盖上盖子之后转小火煮5分钟，再转最小火煮7分钟后关火，焖制5分钟。焖好之后撒上树芽。

＊盛饭的时候，可以先把鱼肉挑出来，最后再点缀在米饭上。

起锅时再放入食材

通过这个方法，能够简单快捷地享受到美味菜饭。使用带有季节特色的食材，可以制作出许多料理。等到锅中水汽快没有的时候再加入食材。

放入鱼干

鱼干饭

材料（参考量）

大米 3 杯

煮饭汁（10:1:1）

┌ 清水 450毫升
│ 淡色酱油 45毫升
└ 酒 45毫升

吻仔鱼干 70克

酱油煮花椒 20克

制作方法

1. 大米洗净，浸泡15分钟，捞出静置15分钟控干水分。
2. 向锅中倒入步骤1的大米和煮饭汁，盖上盖子开大火。锅中沸腾之后，防止溢出而转中小火，稍微移开锅盖，让锅中保持不太强烈的沸腾状态再煮7分钟。等到锅中水汽变少，盖好盖子开小火煮5分钟，放入鱼干，转最小火再煮7分钟。
3. 关火，蒸5分钟。起锅前放入花椒，大致翻拌一下锅中米饭即可。

用清水制作的料理

猪肉红薯菜饭

红薯一开始就下锅，而猪肉要等到中途再下锅。软硬不同的食材要分两次下锅，这是因为如果一开始就放入猪肉，肉会变干。而红薯煮熟变软所需要的时间比较长，所以要一开始的时候就下锅炖煮。像这样，根据食材软硬程度的不同，选择食材下锅的时机。

因为鸭儿芹和胡椒是来增添菜饭色彩和香味的，所以在最后点缀上即可。

材料（参考量）

大米 3杯
煮饭汁（10:1:1）
┌ 清水 450毫升
│ 淡色酱油 45毫升
└ 酒 45毫升
猪五花肉 120克
红薯 200克
鸭儿芹 适量*
黑胡椒粒 少许
*使用冬葱或者季节性的香料也可以。

制作方法

1. 大米洗净，浸泡15分钟，捞出静置15分钟控干水分。
2. 猪肉切成宽2～3厘米的片。向锅中放入充足的热水，快速将猪肉浸泡在热水中除霜，捞出并控干水分。
3. 红薯切成长3厘米左右的方便一口食用的大小，在水中浸泡5分钟左右，沥干。
4. 向锅中放入步骤1的大米、步骤3的红薯和煮饭汁，盖上盖子，开大火直至煮沸。
5. 锅中沸腾之后转中小火，使锅中保持不太强烈的沸腾状态煮7分钟，等到能看清米粒的时候放入步骤2的猪肉，盖上盖子转小火煮5分钟，再转最小火煮7分钟。关火，焖制5分钟。
6. 开盖，撒上切小段的鸭儿芹和黑胡椒粒，大致搅拌一下米饭即可。

红薯一开始就要下锅

能看清米粒的时候

放入猪肉

用清水制作的料理

基础根菜汤

所谓料理的快乐，体现在即使只有一个食谱，也能将其充分运用。

首先，不要想着一定要使用与食谱中相同的鱼类，更不要想着连配菜都一模一样。

试着用现成的食材来制作吧。

这样一来，你应该能够做出专属于自己的味道。

将白萝卜、芋头、胡萝卜、牛蒡之类的根菜和香菇、魔芋切好摆好，再用清水煮，就能得到8人份的汤。这道料理虽然没有使用高汤，但是汤汁充满了根菜的鲜味。

请和我们一起来制作吧。

食材切好摆好

基础根菜汤

材料（8人份）

白萝卜 200克

胡萝卜 100克

芋头 200克

魔芋 150克

鲜香菇 6个

牛蒡 100克

汤汁

┌ 清水 2升

└ 海带 10厘米见方1块

制作方法

1. 白萝卜和胡萝卜去皮，先切成厚8毫米的圆块，再切成4等份。芋头去皮，切成方便一口食用的大小。魔芋用勺子切成方便一口食用的大小。香菇去根，切成4等份。牛蒡用水洗净，切成3毫米厚的小块。

2. 将除了牛蒡以外的食材全部浸入充足的热水中除霜，过3秒钟后捞出，沥干水分。牛蒡用清水快速清洗一遍。

3. 向锅中加入充足的清水、步骤2的汤汁和海带，放入所有的食材，开中小火炖煮，开锅之后撇去浮沫，一直炖煮至食材熟透为止。

8人份的根菜汤

用清水制作的料理

　　将分量满满的8人份根菜汤放入冰箱冷藏保存，用保存的汤汁就可以很快制作出自己喜欢的料理。将一锅汤分成4等份，每份即是2人份的量，在其中加入鱼或其他肉类，就能够制成4种食材丰富的蔬菜汤。每天使用不同的食材，享受制作蔬菜汤的乐趣。

牡蛎汤

材料（2人份）
A 基础根菜汤（第81页）1/4的量
牡蛎 200克
泡发的海带苗 50克
大葱 1根
淡色酱油 15毫升

制作方法
1. 将牡蛎在充足的热水中浸泡15秒，去除脏东西，沥干水分。
2. 海带苗切成5厘米长的条。大葱切成长1厘米的小段。
3. 向锅中放入A、牡蛎、海带苗和大葱，加入淡色酱油，开火炖煮，开锅之后撇去浮沫，即可盛出。

猪肉汤

材料（2人份）
A 基础根菜汤（第81页）1/4的量
猪五花肉（切片）100克
大葱 半根
味噌 30克

制作方法
1. 猪肉切成长3厘米的条。大葱切成长1厘米的小段。
2. 猪肉浸入充足的热水中除霜，捞出后用清水轻柔地清洗，控干水分。
3. 向锅中放入A、猪肉和大葱，将味噌溶化在汤汁中，开火，加热好后即可盛出。

酒粕汤

材料（2人份）

A 基础根菜汤（第81页）1/4的量
鲑鱼（已用盐腌制）2块
油豆腐 1块
大葱 1根
酒粕 50克
味噌 40克
七味辣椒粉 少许

制作方法

1. 鲑鱼切成方便一口食用的大小，煎好备用。
2. 油豆腐浇上热水去除多余油脂，拦腰切成两半之后，再切成宽1厘米的小条。大葱切成长1厘米的小段。
3. 向锅中放入A、鲑鱼、油豆腐和大葱，将酒粕和味噌搅拌在一起后下锅化开，开火加热，加热好后即可出锅。可以按照个人喜好在碗中撒入七味辣椒粉。

豆腐汤

材料（2人份）

A 基础根菜汤（第81页）1/4的量
油豆腐 1块
卤水豆腐 100克
大葱 半根
淡色酱油 20毫升

制作方法

1. 油豆腐浇上热水去除多余油脂，拦腰切成两半之后，再切成宽1厘米的小条。大葱切成长1厘米的小段。
2. 向锅中放入A、油豆腐和大葱，豆腐用手掰成小块加入锅中。倒入淡色酱油后开火加热，加热好之后即可出锅食用。

用清水制作的料理

两品芝麻豆腐

芝麻豆腐搭配酱油就是一道下饭菜，而如果搭配砂糖，就会成为一道甜品。

凝固剂用的不是淀粉，而是吉利丁。一般我们会使用海带高汤来制作芝麻豆腐，但是本书介绍的是充分利用豆乳鲜味来制作芝麻豆腐的方法。豆乳要先用清水稀释过后再使用。

Q 为什么不用淀粉而是用吉利丁呢？

是的，吉利丁原本用于制作果冻，只要冷却下来就能达到凝固的效果。

大家都觉得，制作芝麻豆腐非常复杂，这是因为以前只能使用淀粉来制作这道料理。现在可以跳出以前的固有思维，使用方便的材料也能轻松制作这道芝麻豆腐了。至于芝麻，如果使用市面上的芝麻酱，就能又快又简单地制作料理了。淀粉在寒冷的天气下虽然也能凝固，但做出的豆腐的口感，没有用吉利丁制作的那样有入口即化的效果。

甜味芝麻豆腐搭配红糖液

酱油味芝麻豆腐

甜味芝麻豆腐搭配红糖液

材料（可装满一个15厘米×12厘米大小的蛋糕模具）

- 豆乳 200毫升
- 清水 200毫升

砂糖 20克
吉利丁粉 10克
芝麻酱 50克
红糖液* 适量
薄荷叶 少许

*红糖液的制作方法参照下方食谱。

制作方法

将淡色酱油替换为砂糖，其他步骤与酱油味芝麻豆腐相同，点缀上红糖液、薄荷叶即可。

＊红糖液

材料（参考量）

清水 200毫升
红糖 150克
上等白糖 130克
麦芽糖 2大勺
醋 1大勺

制作方法

将所有材料放入锅中，开中火慢慢加热，一边溶化一边搅拌（在白糖和麦芽糖中加入醋，红糖液会更加清爽，口感也更加醇厚）。

酱油味芝麻豆腐

材料（可装满一个15厘米×12厘米大小的蛋糕模具）

- 豆乳 200毫升
- 清水 200毫升

淡色酱油 2小勺
吉利丁粉 10克
芝麻酱 50克
酱汁（6:1:1）
- 鲣鱼高汤 180毫升
- 浓色酱油 30毫升
- 味醂 30毫升

木鱼花 1小把
芥末 少许

制作方法

1. 将吉利丁粉倒入等量的清水中，泡发备用。
2. 将豆乳和等量的清水倒入锅中，开火加热。注意不要让锅中沸腾，保持60摄氏度左右持续加热，再倒入步骤1的吉利丁，化开后倒入淡色酱油，关火冷却。
3. 向碗中放入芝麻酱，待步骤2的豆乳冷却之后，分次慢慢加入芝麻酱中，搅拌均匀。
4. 将步骤3的食材倒入模具中，冷却成型。
5. 将酱汁的材料和木鱼花一起放入锅中加热，再过滤出汤汁备用。
6. 将芝麻豆腐从模具中取出，切分好，淋上酱汁，摆上芥末即可。

用清水稀释豆乳

加入吉利丁

加入淡色酱油

和芝麻酱混合在一起

放入模具中冷却

其他

味噌酸奶腌菜

你家有米糠腌菜吗？

与新鲜蔬菜不同，米糠腌菜的鲜味和营养价值非同一般。但是很多人都会觉得，米糠腌菜虽然是日本美食的一大代表，但是制作起来实在麻烦。

接下来介绍使用酸奶和味噌制作的腌床，用这个腌床制作出来的腌菜能和用米糠酱制作出来的腌菜一较高下。制作好腌床之后，蔬菜腌制3小时即可食用。和用米糠酱腌制时不同，用味噌酸奶腌床腌制时不需要每天都翻拌里面的蔬菜。

味噌酸奶腌菜是融合东西方发酵食品的一道料理。和用米糠酱腌制比起来，味噌酸奶腌菜的量似乎更少，但不论是酸奶还是味噌，两者都是发酵食品。和蔬菜的鲜甜融合之后的味道太赞了，而且这个腌床可以使用3次。除此之外，只使用过1次的腌床还可以用来制作味噌汤。蔬菜请用盐抹过之后再放入腌床腌制。

Q 为什么蔬菜要先抹盐？

因为盐会沾在蔬菜表面。蔬菜表面被盐浸过之后，腌制的时候更容易入味。使用之前，请先洗去蔬菜上残留的盐。

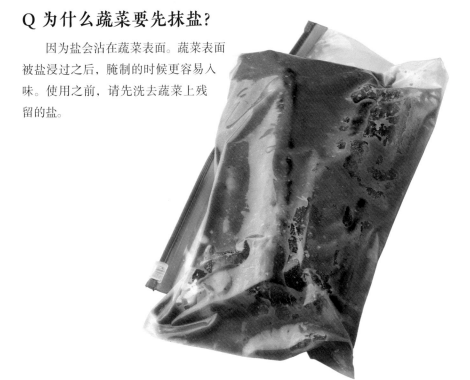

味噌酸奶腌菜

材料（参考量）

腌床（3:1）

┌ 味噌 210 克
└ 酸奶 70 克

黄瓜、茄子、胡萝卜、
山药等个人喜爱的蔬菜 适量

制作方法

1. 将味噌和酸奶混合在一起，放入保鲜袋中，制成腌床。
2. 黄瓜、茄子、胡萝卜切除两端，对半切开。山药切成长 10 厘米的小段，再切成 4 等份。

3. 蔬菜抹上盐（盐的分量不包含在食谱中），静置 10～15 分钟后，用水清洗干净。放入步骤 1 的保鲜袋中，放入冰箱中冷藏。腌制 3 小时后即可食用。

＊腌制过 1 次蔬菜的腌床，其中的味噌酸奶酱可以用于制作味噌汤。500 毫升的汤中可以放 4 大勺味噌酸奶酱。

蔬菜上抹盐

用于做味噌汤

3 : 1
味噌　　　酸奶

其他

三品醋腌小菜（凉粉、醋腌海蕴、土佐醋腌章鱼海带苗）

醋的种类有两杯醋、调味醋、土佐醋，按照个人喜好选择即可。

使用醋调味的时候，重要的不是选择哪个品牌的醋，而是要先将醋煮沸一次。这样酸味会蒸发一部分，醋的味道会变得醇厚。最好选用谷物醋，如果使用米醋，香味和鲜味都很强，甚至有些冲。这点在制作料理的时候可能会带来麻烦。

知道了这三种醋的调和方法之后，就可以自主运用了。在使用上并没有什么禁忌。

了解各自的味道之后，请根据个人喜好来使用。

可以使用微波炉来完成煮沸的步骤。请一定要将醋放在耐高温容器后，再放入微波炉中加热1分钟左右。

将醋煮沸

● 两杯醋

1（醋）：1（浓色酱油）

这是调合醋的基础，能够鲜明地感受到醋的酸味。使用两杯醋制作的最具代表性的料理就是凉粉。此外，也可以用于制作虾、螃蟹等海鲜味浓烈的食物。将醋先煮沸一次，再倒入食材中。

● 调味醋

7（高汤）：1（醋）：1（淡色酱油）+鲣鱼花

如果在两杯醋中加入高汤和鲣鱼花，就变成了可以直接饮用的醋。将所有食材放入锅中煮开 一次后再使用，也可以搭配海蕴、莼菜、疏菜、刺身等一起食用。

● 土佐醋

3（高汤）：2（醋）：1（淡色酱油）：1（味醂）

土佐醋应用广泛，需要用到木鱼花高汤。由于加入了味醂，味道会比调味醋更甜。将所有食材放入锅中煮开一次后再使用。除了用于凉拌料理，还可以和沙丁鱼、鸭肉一起炖煮。

两杯醋

1：1

醋　　浓色酱油

凉粉

材料

凉粉 适量
两杯醋（1:1）
┌ 谷物醋 50毫升
└ 浓色酱油 50毫升

制作方法

将醋煮沸后关火晾凉，和酱油混合均匀之后淋在凉粉上。按照个人喜好，加入葱丝、紫苏丝、姜末，再撒上白芝麻、辣椒粉即可。

调味醋

7 : 1 : 1 + 鲣鱼花
高汤　　醋　　淡色酱油

醋腌海蕴

材料

海蕴 适量
调味醋（7:1:1）
┌ 鲣鱼高汤 140毫升
│ 谷物醋 20毫升
└ 淡色酱油 20毫升
木鱼花 少许

制作方法

将制作调味醋的材料和木鱼花一起放入锅中，开火，煮沸之后关火晾凉，再过滤一遍醋汁。将醋汁淋在海蕴上，可以按照个人喜好加入生姜末。

土佐醋

3 : 2 : 1 : 1
高汤　　醋　　淡色酱油　味醂

土佐醋腌章鱼海带苗

材料

水煮章鱼 适量

黄瓜 适量

泡发的海带苗 适量

姜丝 少许

土佐醋（3：2：1：1）

  ┌ 鲣鱼高汤 60毫升*

  │ 谷物醋 40毫升

  │ 淡色酱油 20毫升

  └ 味醂 20毫升

＊如果没有鲣鱼高汤，可以加入60毫升的清水、1块
3厘米见方的海带和2克的木鱼花来代替。

制作方法

1. 章鱼切片。黄瓜切薄片撒上少许盐静置一会
   儿后，用清水洗净，沥干水分。海带苗切成
   方便食用的长度。

2. 将用于制作土佐醋的材料全部放入锅中，开
   火，煮沸之后关火晾凉，过滤好备用。将醋
   淋在已经摆好盘的章鱼、黄瓜、海带苗上，
   最后点缀上姜丝即可。

高汤

头道鲣鱼高汤

　　说到高汤的做法，你的脑海中是不是会浮现出电视上播放的影像？"将大量的木鱼花放入锅中……"

　　其实没有这个必要。

　　接下来就介绍只需少量的食材就能制作鲣鱼高汤的超简单方法。

　　用海带和木鱼花煮出的头道鲣鱼高汤是最基本的高汤。将海带、木鱼花在80摄氏度的热水里加热1分钟即可完成。

　　海带和木鱼花的鲜味交相辉映，和许多食材的味道都很合得来，因此鲣鱼高汤可以说是日式料理中高汤的代名词了。

Q 为什么只用80摄氏度的热水煮1分钟？

　　激发干货鲜味的温度为80摄氏度。如果再提高温度的话，煮出来的汤会发涩，视觉上也会变得混浊。所以将汤保持在能激发鲜味的温度，不要持续加热，才能得到我们想要的高汤。

　　可以用水壶煮水，或者将在锅中煮沸的水转移到碗中，然后等待温度下降。

Q 应该选用什么样的木鱼花和海带呢?

　　首先要选择容易买到的袋装木鱼花 (避免选择厚的)。海带要选择煮汤专用的品种 (参见第7页)。也可以多试几种，选择自己喜欢的种类。

头道鲣鱼高汤

材料
热水 1升
海带 5克
木鱼花 10～15克

将海带放入盛放着80摄氏度热水的碗中。

加入木鱼花，静置1分钟。

铺上一层厨房用纸，慢慢地过滤，这就是头道高汤。过滤之后的木鱼花和海带还可以继续使用 (参见第96页)。

高汤

清澈鱼干高汤

鱼干可以用于制作味噌汤的高汤，也可以直接加入煮物中一起炖煮，是人们日常生活中不可缺少的一样食材。

即使是日常的食材也可以制作出极品的汤汁。

提取高汤时不需要煮沸水，只需要用清水泡制即可。

Q 不会有鱼干的腥味吗？

虽说是鱼干，但是用清水泡制之后得到的上层清澈液体却是最棒的高汤，可以用于制作其他汤品。

当然也不会有鱼干的腥味。

剩下的鱼干还可以充分运用起来，制作二次高汤（参见第97页）。

用清澈鱼干高汤制成的鸡蛋汤

材料（2人份）
上层鱼干高汤 300毫升
淡色酱油 15毫升
鸡蛋 1个
芹菜 5根

制作方法
1.在鱼干高汤中加入淡色酱油，开火加热。
2.沸腾之后，放入切成长5厘米小段的芹菜，转圈淋入
　蛋液即可。

鸡蛋汤

泡制鱼干的头道高汤

材料
清水 1升
鱼干（去除头和内脏）* 25克
＊直接食用的小鱼干，也可以不去除头和内脏。

制作方法
1.将鱼干放入充足的水中静置3小时以上甚至
　1整晚。
2.过滤之后，取上层清澈液体作为高汤使用。
　过滤之后的鱼干可以再次用于制作高汤。
※需要注意，放置时间过长的话，汤会变得混浊。

鱼干（去除头和内脏）

高汤

鲣鱼高汤的充分利用

　　取完头道高汤之后的木鱼花和海带，还留有鲜味。用这样的木鱼花和海带可以制取二次高汤，取完高汤后，还可以将它们制成小菜，这样就不会产生丝毫的浪费。

制作二次高汤

在取完头道高汤后的木鱼花和海带中，加入500毫升的热水，静置5分钟后过滤。取出的高汤可以用于炖煮或制作味噌汤。

利用高汤渣

橙醋腌木鱼花

将木鱼花沥干，再浸泡入橙醋中，就能够制成鲣鱼口味的橙醋汁。可以搭配水煮青菜、冷食豆腐来食用。

橙醋腌海带

将海带切成细丝之后浸泡入橙醋中，就能够制成醋香扑鼻的海带丝，可以直接食用或者搭配沙拉食用。

拌菜

在水煮蔬菜中加入橙醋腌木鱼花，搅拌之后即可食用。

高汤

鱼干高汤的充分利用

过滤完头道高汤的鱼干，因为没有经过煮制，所以食材充分保留了鲜味。
这样的鱼干可以用于制作二次高汤，甚至还可以用来制作小菜。

制作二次高汤
将头道高汤过滤出的鱼干倒入1升清水中，再加入10克海带，开火煮沸后过滤出高汤。二次高汤可以用于炖煮食物、制作味噌汤、乌冬面、荞麦面等。

加入清水和海带　　　　　　开火

利用高汤渣
因为制作完二次高汤之后的鱼干还留有味道，所以可以直接炒制或者搭配天妇罗一起食用。

炒鱼干

平底锅中放油烧热，将鱼干和切成薄片的葱、香菇放入锅中翻炒，用酱油来调味即可。

橙醋的制作方法

将柑橘类水果榨出汁，和等量的醋混合在一起，再加入1.5倍量的浓色酱油混合均匀即可。虽然混合完之后可以即时食用，但静置2～3天后风味更佳。可以装在瓶中，放入冰箱冷藏。请在10天左右食用完毕。柑橘类的水果，可以按照个人喜好使用橘子、橙子、柠檬、柚子等。醋的用量可以根据水果的酸度进行调整。使用橙醋制作料理的时候，加入芝麻油，就能够享受到中华料理的风味了。

高汤

鸡腿肉高汤

说到用鸡肉制作高汤，可能会让人想起法国料理的白汤。其实不需要法国料理那么复杂的过程，也可以提取出美味清爽的高汤。制作鸡肉高汤的重点在于，鸡肉事前需要除霜，用清水炖煮的时候，不能让锅中沸腾，要保持锅中飘袅袅水蒸气的状态，温度为80摄氏度。

Q 为什么不使用鸡架骨而是用鸡腿肉？

鸡架骨只有骨头，即便提取出了高汤，也没有什么吃头。如果使用鸡腿肉，既能炖煮出肉的鲜味，煮完汤之后的鸡腿肉还可以用来制作小菜。最重要的是，比起需要花费更多时间的鸡架骨，用鸡腿肉制作高汤更加快速便捷。

鸡腿肉

放入热水中除霜

鸡肉表面变白后捞出

浸泡入冷水中

加入海带开火炖煮

鸡腿肉高汤

材料（参考量）

鸡腿肉 1块（约250克）
清水 800毫升
海带 10厘米见方1块

制作方法

1. 锅中煮好充足的热水，放入鸡腿肉。
2. 将鸡腿肉浸入热水中，等到鸡腿肉表面泛白之后再捞出。
3. 放入冷水中轻轻洗净，沥干（除霜步骤请参见第7页）。
4. 向锅中放入充足的水，再加入步骤3的鸡肉、海带，开火炖煮。
5. 沸腾之前转小火，锅中保持80摄氏度煮大约15分钟。中途撇去锅中浮沫。
6. 取出鸡肉，和高汤分开盛放。

提取出的鸡腿肉高汤

高汤

鱼肉高汤

用带肉鱼骨加清水炖煮提取高汤吧！

鱼肉蕴含丰富的营养，比起制作西餐的鱼肉白汤，使用下面这个方法能够快速简单地制出鱼肉高汤。

Q 鱼肉不会有腥味吗？

如果是鲜度不够的鱼肉，不管怎么处理都会有腥味。但是，现在的超市在物流方面做得很好，一般不会上架不够新鲜的鱼。

除此之外，如果做好除霜步骤之后再煮，就可以去除鱼的腥味了。

煮沸之后转小火！这是最重要的。和煮鸡肉高汤时一样，全程保持在飘袅袅水汽的状态下炖煮才可以。

Q 一定要用鱼骨吗？

如果没有鱼骨，用鱼肉也可以。如果用鱼肉制作，不仅能够提取高汤，还能够吃到鱼肉（参见第35页的鲷鱼汤）。除了鲷鱼、鲑鱼、青花鱼等，甚至包括鱼杂碎都可以用于制作高汤。

鱼骨（鲷鱼）

浸入热水中除霜

放入凉水中

去除脏污

在沸腾前加入冷水

鱼肉高汤

材料（参考量）

鱼（鲷鱼）骨 100～150克
盐 适量
清水 1升
海带 10厘米见方1块

制作方法

1. 均匀地在鱼骨上撒盐并静置20～30分钟，向锅中加入充足的水煮开之后，放入鱼骨。
2. 快速地将鱼骨在热水中浸泡一下，再放入凉水中冷却（参见第7页的除霜步骤）。
3. 洗净鱼骨，沥干水分。
4. 向锅中放入充足的水、步骤3的鱼骨和海带，开火炖煮。在即将煮沸之际加入200毫升的清水，转微火继续炖煮。
5. 取出海带，小心地撇去锅中浮沫，再炖煮15分钟左右以释放食材的鲜味，过滤出高汤即可。

制作好的鲷鱼高汤

高汤

鸡肉高汤煮豆腐、鱼肉高汤煮蔬菜

无论是鸡肉高汤还是鱼肉高汤，味道都比较清淡，但却回味无穷。

你会不会抱着让这样的高汤更美味的想法，然后加入浓汤宝之类的调味品呢？千万别这么做，因为这样就不能做出清淡的汤品了。高汤的味道和食材的味道相互干扰，最终让料理的味道变得难以形容。

鲜味较强的鸡肉、鱼肉高汤，更适合搭配味道不那么强烈的蔬菜。可以自己尝试着判断，哪种食材用什么方法和高汤搭配在一起食用比较好。

这两种高汤都可以用于炖煮其他食材或者直接做成汤品。可以试着用鸡肉高汤制作拉面，制作出来的拉面汤是可以一滴不剩都喝光呢。

鸡肉高汤煮豆腐

材料（2人份）
芜菁 1 个
豆腐 200 克
汤汁（咸汤汤底）
- 鸡肉高汤 400 毫升
- 淡色酱油 1 大勺
- 酒 1 大勺

制作方法
1. 芜菁留下 3 厘米左右的茎，其余切掉。将芜菁去皮之后分成 4 等份，开小火焯水 5 分钟左右。豆腐切成 4 等份。
2. 向锅中倒入汤汁和步骤 1 的食材，开火炖煮。开锅之后，关小火煮 7 分钟。
3. 盛出，按照个人喜好可以撒上葱丝、胡椒粉搭配食用。

鱼肉高汤煮蔬菜

材料（2人份）
白菜叶 3 片
大葱 2 根
汤汁（咸汤汤底）
- 鱼肉高汤 400 毫升
- 淡色酱油 1 大勺
- 酒 1 大勺

制作方法
1. 白菜切大块。大葱切成长 5 厘米的小段，侧面打上花刀。
2. 向锅中倒入汤汁和步骤 1 的食材，开火。开锅之后，转小火煮 3～5 分钟。盛出，按照个人喜好撒上七味辣椒粉即可。

用鸡肉高汤制作的芜菁豆腐汤

将切成大块的芜菁和豆腐放入鸡肉高汤中，开小火快速加热。也可以放入葱丝和蘑菇来做一道简单的汤品。

将煮完高汤的鸡肉做成小菜

鸡腿肉可以直接和汤一起炖煮食用，也可以单独做成小菜。将鸡腿肉切成方便食用的大小，再撒上葱花，淋上橙醋即可。

用鱼肉高汤制作的蔬菜汤

用鱼肉高汤煮蔬菜的时候，鱼肉的鲜味会转移到蔬菜上。上图使用的是容易熟的白菜和葱，也可以将已经焯过水的青菜放入汤中快速加热食用。

高汤

瑶柱高汤、干虾高汤

    这两种食材都拥有独特的鲜味，如果用于炖煮蔬菜，能够丰富菜品的口感。特别是炖煮冬瓜的时候，如果用鲣鱼高汤炖煮，并不能像用瑶柱高汤炖煮时那样，最大限度地激发食材的鲜味。瑶柱选用切分好的就可以，干虾也很适合和蔬菜一起炖煮。接下来介绍用瑶柱高汤炖煮冬瓜和干虾高汤炖煮茄子的菜谱。

Q 提取过高汤之后的瑶柱和虾肉是直接丢弃吗？

    用于煮高汤的瑶柱和虾，可以直接作为汤料之一和蔬菜一起继续炖煮，也可以捞出沥干之后和蔬菜一起翻炒制成其他菜品。

瑶柱高汤

材料（参考量）
干瑶柱 50 克
清水 500 毫升

制作方法
1. 盛足量的清水浸泡瑶柱 1 小时，倒入锅中开火加热。锅中沸腾之后转小火煮 15 分钟。
2. 滤出高汤，将瑶柱取出，单独放置。

干虾高汤

材料（参考量）
干虾 50 克
清水 500 毫升

制作方法
1. 盛足量的清水浸泡干虾 1 小时，倒入锅中开火加热。锅中沸腾之后转小火煮 15 分钟。
2. 滤出高汤，将虾肉取出，单独放置。

瑶柱高汤炖煮冬瓜

将提取过高汤的瑶柱肉和冬瓜一起继续炖煮，这样也可以品尝到瑶柱肉。调味只需要淡色酱油即可，味道和咸汤相似。制作方法参见第107页。

干虾高汤炖煮茄子

用干虾高汤炖煮炸茄子，能够增加茄子的风味。
提取过高汤的虾肉，可以和蔬菜一起翻炒，制成新的料理。
制作方法参见第106页。

炒虾仁

提取过高汤之后的虾仁，一定要沥干水分后再用。搭配使用的蔬菜，按照个人喜好选择即可。

材料（2人份）

提取过高汤之后的干虾（第104页）80克
甘蓝叶 60克
大葱 1根
色拉油 2小勺
淡色酱油 10毫升

制作方法

1. 甘蓝叶切成长5厘米的小段。大葱斜着切成长1厘米的小段。
2. 向平底锅中倒入色拉油加热，锅中倒入步骤1的食材翻炒。蔬菜炒熟之后加入干虾，快速翻炒，淋入淡色酱油调味即可。

干虾高汤炖煮茄子

茄子用油炸过之后要马上浸入热水中去除多余油脂。高汤是用干虾高汤、淡色酱油和酒调和而成的咸汤汤底（参见第32页）。注意不要煮过头，开小火，再加入马铃薯淀粉水勾芡即可。

材料（2人份）

茄子 200克
大葱 1根
高汤（咸汤汤底）
 ┌ 干虾高汤（第104页）400毫升
 │ 淡色酱油 1大勺
 └ 酒 1大勺
马铃薯淀粉水＊2大勺
宽油 适量
＊用等量水搅匀马铃薯淀粉。

制作方法

1. 事先准备好宽油和热水。茄子滚刀切块，快速地用油炸过之后，淋上热水去除多余油脂。大葱切末。
2. 用高汤慢慢炖煮步骤1的茄子，加入葱末，再淋入淀粉水勾芡。按照个人喜好撒入七味辣椒粉即可食用。

将炸茄子放入高汤中

瑶柱高汤炖煮冬瓜

　　冬瓜上撒盐，放入已经加过盐的水中焯水。高汤是用瑶柱高汤、淡色酱油和酒调和而成的咸汤汤底（参见第32页）。起锅前淋入马铃薯淀粉水勾芡即可。

材料（2人份）

冬瓜 300 克（去皮）

盐 适量

高汤（咸汤汤底）

　┌ 瑶柱高汤（第104页）400毫升

　│ 淡色酱油 1 大勺

　└ 酒 1 大勺

海带 5 厘米见方 1 块

提取过高汤后的瑶柱肉 全部

马铃薯淀粉水* 2 大勺

*用等量水搅匀马铃薯淀粉。

制作方法

1. 冬瓜去皮，切小块，每块约重20克，撒上盐静置5分钟，再用水洗净。冬瓜在浓度2%的盐水中煮6~7分钟之后放入水中冷却，再沥干水分。
2. 向锅中加入瑶柱高汤、酒、步骤1的冬瓜和海带，倒入淡色酱油开火炖煮。
3. 煮沸之后转小火煮4分钟左右，再加入瑶柱肉。撇去浮沫，淋入马铃薯淀粉水勾芡即可。

加入海带

用淡色酱油调味

中途加入瑶柱肉

高汤

番茄汤、牛奶味噌汤和豆乳汤

　　番茄生吃的时候酸味比较明显，但经过加热之后酸味就会变成鲜味。豆乳包含着豆子的鲜味，牛奶也有自己的鲜味。将这些食材制成高汤，好好利用它们的鲜味吧。因为每种食材都能够释放鲜味，所以不需要使用鲣鱼高汤。

Q 直接把三种食材混合在一起就可以吗？

　　如果直接混合这三种食材，质地会过于浓稠。用水稀释之后，刚好引出了食材鲜味，就能制成和风酱汁。可以尝试在稀释过后的番茄汁、豆乳中加入味噌，制成简单易上手但却美味十足的番茄味噌汤。

番茄汁

番茄汤

看起来像是意式料理或是法式料理，但是将番茄汁用2倍的水稀释之后，再加入淡色酱油调味就能得到和式风味料理。可以在汤中加入生菜、油豆腐、大葱以丰富口感。制作方法参见第110页。

牛奶

牛奶味噌汤

如果不将牛奶稀释，直接用于制作料理，就会变成奶油炖菜。所以提前用5倍的水来稀释牛奶吧。味噌和牛奶是味道非常相配的两样食材，可以在汤底中加入味噌制成和风浓汤。汤里可以加入芋头和胡萝卜。黏稠的芋头刚好可以丰富汤的口感。制作方法参见第110页。

豆乳汤

因为豆乳比较浓稠，所以需要加入5倍量的水稀释。豆乳沸腾之后，表面会形成一层奶皮，因此加热的时候一定要开小火。锅中可以加入切成大块的番茄、卷心菜，调味用淡色酱油即可。成品拥有和奶油汤不同的味道。制作方法参见第110页。

豆乳

番茄汤

根据生产厂商的不同，番茄汁的浓度也不同，用2倍量的水稀释之后如果还觉得浓，可以继续稀释至自己满意的浓度。

材料（2人份）

汤底
- 番茄汁（不含盐）100毫升
- 清水 200毫升
- 淡色酱油 1 大勺

汤料
- 生菜 2 片
- 油豆腐 半块
- 大葱 5厘米长4段

制作方法

1. 生菜不焯水，切大块。油豆腐焯过水之后切成小段。
2. 将制作汤底的食材混合在一起，加入步骤1的食材和葱段开火炖煮。葱段煮熟之后即可关火。

牛奶味噌汤

加入的味噌是信州味噌。如果用白味噌来制作，成品会更像奶油炖菜。可以按照自己的喜好来尝试一下。

材料（2人份）

汤底
- 牛奶 50毫升
- 清水 250毫升
- 味噌 30克

汤料
- 芋头 2 个
- 胡萝卜 6厘米
- 冬葱 少许

制作方法

1. 芋头和胡萝卜去皮，切成宽1厘米的小块，焯水至变软备用。
2. 将用于制作汤底的牛奶和清水混合在一起，和步骤1的汤料、切成3厘米小段的冬葱一起放入锅中，开火，注意不能让锅中沸腾。等到锅中温度上来之后，在汤底中化入味噌即可。

豆乳汤

请选用没有经过成分调整的豆乳。豆腐店的豆乳都比较浓稠，可以根据实际情况来调整用于稀释的水量。

材料（2人份）

汤底
- 豆乳 50毫升
- 清水 250毫升
- 淡色酱油 1 大勺

汤料
- 卷心菜 1 片
- 番茄 半个
- 大葱 半根

制作方法

1. 卷心菜快速焯水后，切大块，番茄对半切开。大葱切末。
2. 将制作汤底的食材和步骤1的汤料放入锅中，开火。注意不要让锅中沸腾，用小火慢慢加热即可。

其他

日常的所思所想

"在口中调和"是白米饭才能做到的。

经常有人问我：在人生最后时刻想要吃什么？我想应该是白米饭吧。

在旅行途中，如果幕间便当（译者注：指在戏剧间幕中间食用的便当，其大小适合放在膝盖上）中盛的米饭是菜饭之类的食物，我就会感到失望。

我认为菜饭和配菜两方的味道会起冲突，这样菜品整体的美味就会减半。

比如说配菜是腌鲑鱼。腌鲑鱼所含的盐会让口中变咸，这时候就需要吃一口白萝卜泥，再吃一口白米饭来中和口中的咸味。吃完这口，就会想要吃有嚼劲的蔬菜了。白米饭和配菜分开吃，让盐味自然地在口中中和。这就是"在口中调和"，这是自古以来以米饭为主食的日本特有的吃法。

菜饭和腌鲑鱼、煮鱼肉、猪排、炸鸡块其实并不适合一起吃，这种想法大概是有些与众不同吧。

正因为是白米饭，才能让配菜的美味程度倍增，不是吗？

我建议在决定每天食谱的时候，考虑一下口中调和的问题，再进行料理的搭配组合。

风味独特的家庭版味噌汤

也许有人会觉得在饭店吃饭时，最后端出来的味噌汤特别美味，但事实真的如此吗？

饭店的味噌汤，汤是汤，料是料，都是提前分开准备好，在端出来之前才混合在一起的。有人会觉得高汤很鲜，起了很大的作用，但汤料中的鲜味却没有被煮进汤里。

那么，在家里制作的味噌汤，味道又如何呢？将白萝卜放入鱼干高汤中炖煮，再在汤中化开味噌，味噌汤里就会充满白萝卜的鲜美味道。

土豆味噌汤、白萝卜味噌汤、油豆腐味噌汤，根据不同的食材能够制成不同口味的味噌汤。

请尝试着制作只有在家里才能做出来的味噌汤吧。

为了能制作出风味独特的味噌汤，不要选用已经停止发酵的味噌酱，而是选择还处于发酵状态中的味噌酱。关于高汤，可以选用本书中介绍过的鲣鱼高汤、鱼干高汤等来制作。

高汤

蔬菜高汤

并不是只有鱼和其他肉类才能用于制作高汤，蔬菜也可以为高汤提供鲜味。

只要是冰箱里有的蔬菜，什么都可以。试着用清水炖煮吧。煮过之后的蔬菜研磨成糊和汤汁混合在一起，就制成了蔬菜高汤。因为蔬菜高汤和肉类汤料口味相配，所以也可以加入鸡肉丸一起炖煮。放入鱼肉丸、豆腐之类的食材也是不错的选择。

Q 为什么可以用蔬菜来制作高汤呢？

因为蔬菜也会释放鲜味。

喝汤和蔬菜汁的时候有没有感觉到沁人心脾的美味？这并不是高汤的味道，而是因为蔬菜的鲜美已经融合到了汤中。煮过蔬菜的高汤包含了满满的蔬菜营养素，美味满分。所以，请充分利用冰箱里已有的蔬菜吧！

用于制作高汤的蔬菜

用蔬菜高汤煮鸡肉丸

材料（2人份）

鸡肉丸
- 鸡肉糜 150 克
- 豆腐 80 克
- 小麦粉 10 克
- 味噌 15 克
- 大葱末 半根的量

高汤
- 蔬菜糊高汤 700毫升
- 淡色酱油 30毫升

大葱 1根

煮鸡肉丸

制作方法

1. 将高汤倒入锅中。
2. 将用于制作鸡肉丸的食材混合均匀，团成一口大小，在步骤1的锅开火前放入锅中。
3. 鸡肉丸全部下锅之后，开火，沸腾之后转小火再煮1分钟。
4. 大葱切成长3厘米的小段，去芯，将葱白部分切丝，放入水中漂洗散开。将步骤3的食材盛出，摆上葱丝装饰即可。

蔬菜糊高汤

材料（参考量）

清水 1升
蔬菜*
- 卷心菜 100克
- 白菜 100克
- 大葱 50克
- 胡萝卜 50克

*蔬菜的种类和分量可以按照个人喜好进行调整。以叶片类蔬菜为主，最好不要放入芋头这类根茎类蔬菜。白菜、卷心菜可以使用外层较硬的叶片。

制作方法

1. 蔬菜全部切大块（胡萝卜可以带皮）。
2. 向锅中加入足量的水，放入蔬菜，开火。等到蔬菜煮软之后，将汤和蔬菜分

煮蔬菜

取出蔬菜

打成糊状

将高汤和蔬菜糊混合

开盛放。

3. 将蔬菜放入搅拌机或者料理机中打至糊状。
4. 将高汤和蔬菜糊混合在一

起，得到约700毫升的蔬菜糊高汤。

许多食材都可以制作高汤

本书中除鲣鱼高汤之外，还介绍了利用鱼干、鸡肉、鱼肉、瑶柱、干虾、番茄汁、豆乳、牛奶味噌、蔬菜来制作高汤的方法，但除此之外，还有许多食材可以用于制作高汤。

蔬菜干凝聚了蔬菜的鲜味，所以也可以用于制作高汤。

除了大家熟悉的干香菇，白萝卜干、胡萝卜干、充满鲜味的大豆也都是制作高汤的好食材。

即使是饭店也做不到每天更换不同种类的高汤。

因为不能让食客感觉到明显的味道变化，稳定的高汤味道是必要的，所以饭店厨师基本上都会使用鲣鱼高汤。

那么多人都选择使用鲣鱼高汤，或许是因为大家都认为鲣鱼高汤就是保证鲜味的秘诀吧。

和饭店不同，配合家庭成员的健康状况调整食谱，让大家都能享受到热腾腾的饭菜才是家庭料理的优势。

搭配时令食材，不拘泥于鲣鱼高汤，使用能够激发食材鲜味的各类高汤来制作料理吧！

海带高汤、素高汤、大豆高汤

海带高汤

只用海带提取出的高汤,不会抢夺食材的味道。特别是炖煮味道不如鲣鱼高汤强烈的食材时,不要使用鲣鱼高汤,应该使用海带高汤。海带高汤可以用于制作咸汤或者炖煮口味清淡的蔬菜。可以按照个人喜好来尝试一下。

接下来介绍两种制作海带高汤的方法,一种是直接用清水浸泡海带,另一种则需要炖煮。

●水浸海带高汤

将50克海带浸泡在1升清水中,放入冰箱静置半天。之后就可以作为头道高汤制作料理。浸泡过后的海带煮过之后的第二道高汤可以用于煮味噌汤或者炖煮其他食材。

●炖煮海带高汤

1. 将20克海带放入1升清水中,开火。
2. 加热5～10分钟后,锅底冒出细小气泡,趁着水还没有沸腾之前将海带捞出,这就是头道高汤。另起一锅清水,将取出的海带放入水中,煮至锅中沸腾,即可得到第二道高汤。

在炖煮料理时,为了补充鲜味而放入锅中的海带量较少,所以不用特意从锅中取出也可以。

＊海带如果煮过头的话会释放出腥臭味,所以要在炖煮途中就将海带取出。

素高汤

材料（参考量）

葫芦干 10克
大豆 10克
胡萝卜皮＊ 10克
海带 20克
清水 1升
＊胡萝卜的皮需要提前风干3天左右。

制作方法

1. 葫芦干用盐揉搓之后用水泡发,切成小粒。大豆用平底锅煎成金黄色,全程开小火。
2. 将足量的清水倒入锅中,将步骤1的食材、胡萝卜皮和海带全部放入锅中,开火,煮至沸腾之后关小火炖煮5分钟。冷却之后过滤即可得到高汤。也可以保留汤料,调味之后食用。

大豆高汤（水浸高汤）

材料（参考量）

大豆 50克
海带 5厘米见方1块
清水 1升

制作方法

1. 用平底锅将大豆煎至金黄色,全程保持小火。
2. 将步骤1的大豆和海带浸泡在充足的清水之中,放入冰箱冷藏一晚备用。过滤之后即可作为高汤使用。浸泡过后的大豆也可以用于炖煮其他料理。

其他

木鱼花

你还在使用袋装的木鱼花吗？不管饭店的料理多么好吃，都比不上家庭制作的料理。特别是刚刚削好的木鱼花，是只能在家里才能品尝到的美味。将刚削好的木鱼花轻盈地撒在热腾腾的白米饭上，再淋上一点点酱油，就能得到极致的美味。

也许你会想，看起来硬邦邦的鲣鱼干怎么才能削成柔软的木鱼花呢？但是，这的确是可以做到的。请跟着我尝试一下。

不要急着削鲣鱼干，首先要将鲣鱼干在清水中浸泡一整晚备用。

Q 为什么要在清水中浸泡一整晚？

只要触摸一下鲣鱼干就能知道，一般的鲣鱼干都是风干、硬邦邦的状态。如果直接用来削木鱼花，是不能够削得又薄又漂亮的。

让我们把它改造成容易削的样子吧。

人们都说在使用鲣鱼干之前要用湿布把表面的霉菌擦去，但仅仅只有这一步骤是不能削出漂亮的木鱼花的。

请将鲣鱼干在清水中浸泡一晚。

浸泡好之后，"蒸"或者"用火烧一下表面"，再用菜刀削去表面的脏东西或者霉菌，然后就可以用刨花器削木鱼花了。

削完之后，为了防止鲣鱼表面变干，用湿布将鲣鱼包裹起来，再用保鲜膜包好，放入冰箱中保存。最理想的方法是，每天要用的时候再削需要的木鱼花，削完之后再用湿布包好冷藏。条件允许的话，三天削一次，这样鲣鱼干表面能一直保持湿润易削的状态。

Q 怎样才能削出漂亮的木鱼花呢？

请好好观察一下鲣鱼干，花纹是不是很像树的年轮？

如果顺着花纹削，就能削出又薄又漂亮的木鱼花。

如果逆着花纹削，因为削法杂乱，是没办法削出漂亮的木鱼花的，用这样的木鱼花煮出来的高汤，味道也会变得混浊。除此之外，如果削之前鲣鱼干没有充分湿润的话，木鱼花会带上许多粉质，这样也会浑汤。

如果在使用刨花器时，能够发出顺畅的嘶嘶声，那就说明这种削法是正确的。

只有用又薄又漂亮干净的木鱼花，才能制作出清澈且美味的高汤。

在保证鲣鱼干保存良好的同时，也要注意保证刨花器的刀片处于能够正常工作的状态。

●鲣鱼干的制作方法

将卸成三块的鲣鱼肉，像制作刺身那样对半切开。这样一来，鲣鱼肉就分成了背侧和腹侧两种。

将生鱼肉煮熟再烟熏需要花费不少时间。

经过烟熏之后的鲣鱼干叫作"荒节"。在经历多次霉菌寄生、削去霉菌的步骤之后，才能得到坚硬的"本枯节"。

●关于鲣鱼干的选购

鲣鱼干的价格不等。首先，选择容易买到的就可以。

有条件可以去鲣鱼干专卖店选购。鲣鱼干刨花器也可以一同购入。

刨花器刀刃是需要保养的。如果自己没法完成，可以委托店家帮忙研磨。因此，还是推荐尽量在专卖店里购买刨花器。

使鲣鱼干保持好状态的方法

1.在清水中浸泡一晚，直到鱼干中心也变软。

3.用菜刀将周围削去。

直接放到火上烤，注意不要烤焦表面（或者上锅蒸3分钟）。

4.表面修整成容易刨花的形态。

图书在版编目（CIP）数据

美味日料轻松做/（日）野崎洋光著；孙中荟译.—武汉：华中科技大学出版社，
2022.6

ISBN 978-7-5680-8118-4

Ⅰ.①美… Ⅱ.①野… ②孙… Ⅲ.①菜谱-日本 Ⅳ.①TS972.183.13

中国版本图书馆CIP数据核字（2022）第057101号

KIWAMETSUKI NO "OISHII" HOTEISHIKI by Hiromitsu Nozaki
Copyright © 2018 Hiromitsu Nozaki / EDUCATIONAL FOUNDATION BUNKA GAKUEN
BUNKA PUBLISHING BUREAU
All rights reserved.
Original Japanese edition published by EDUCATIONAL FOUNDATION BUNKA GAKUEN
BUNKA PUBLISHING BUREAU

This Simplified Chinese language edition is published by arrangement with
EDUCATIONAL FOUNDATION BUNKA GAKUEN BUNKA PUBLISHING BUREAU, Tokyo
in care of Tuttle-Mori Agency, Inc., Tokyo through Pace Agency Ltd., Jiang Su Province.

简体中文版由日本文化出版局授权华中科技大学出版社有限责任公司在中华人民
共和国境内（但不含香港特别行政区、澳门特别行政区和台湾地区）出版、发行。

湖北省版权局著作权合同登记　图字：17-2022-031号

美味日料轻松做
Meiwei Riliao Qingsong Zuo

[日] 野崎洋光 著
孙中荟 译

出版发行：华中科技大学出版社（中国·武汉）　　电话：（027）81321913
　　　　　华中科技大学出版社有限责任公司艺术分公司　（010）67326910-6023
出 版 人：阮海洪

责任编辑：莽　昱　宋　培
责任监印：赵　月　郑红红　封面设计：邱　宏

制　　作：北京博逸文化传播有限公司
印　　刷：北京金彩印刷有限公司
开　　本：889mm×1270mm　1/32
印　　张：3.75
字　　数：50千字
版　　次：2022年6月第1版第1次印刷
定　　价：69.80元